建筑工程质量控制

（第3版）

主　编　刘晓丽　赵　红　刘志红

副主编　刚宪水　蒲嘉霖　唐　宁

　　　　钱正安

参　编　陈胜博　赵恩亮

北京理工大学出版社

BEIJING INSTITUTE OF TECHNOLOGY PRESS

内 容 提 要

本书共分为8章，主要内容包括建筑工程质量控制概论，ISO质量管理体系及卓越绩效管理模式，工程勘察设计阶段质量控制，工程施工阶段质量控制，设备采购、制造与安装质量控制，工程施工质量验收及工程保修质量控制，工程质量控制的统计分析方法，工程质量问题和质量事故的处理等。

本书可作为高等院校土木工程类相关专业的教材，也可供建筑施工企业相关工程技术人员参考使用。

图书在版编目（CIP）数据

建筑工程质量控制 / 刘晓丽，赵红，刘志红主编.—3版.—北京：北京理工大学出版社，2020.6（2020.7重印）

ISBN 978-7-5682-8511-7

Ⅰ.①建…　Ⅱ.①刘…　②赵…　③刘…　Ⅲ.①建筑工程－工程质量－质量控制－高等学校－教材　Ⅳ.①TU712

中国版本图书馆CIP数据核字（2020）第090357号

出版发行 / 北京理工大学出版社有限责任公司

社　　址 / 北京市海淀区中关村南大街5号

邮　　编 / 100081

电　　话 / （010）68914775（总编室）

　　　　　（010）82562903（教材售后服务热线）

　　　　　（010）68948351（其他图书服务热线）

网　　址 / http://www.bitpress.com.cn

经　　销 / 全国各地新华书店

印　　刷 / 北京紫瑞利印刷有限公司

开　　本 / 787毫米 ×1092毫米　1/16

印　　张 / 12.5　　　　　　　　　　　　　责任编辑 / 钟　博

字　　数 / 262千字　　　　　　　　　　　文案编辑 / 钟　博

版　　次 / 2020年6月第3版　2020年7月第2次印刷　　责任校对 / 周瑞红

定　　价 / 35.00元　　　　　　　　　　　责任印制 / 边心超

建筑工程质量管理是指为保证和提高建筑工程质量，运用一整套质量管理体系、手段和方法所进行的系统管理活动。其目标是使建筑工程施工质量优良、工期短、消耗低、经济效益高、施工文明及符合相应的安全标准。本教材依据《建设工程监理规范》（GB／T 50319—2013）及《建筑工程施工质量验收统一标准》（GB 50300—2013），着重阐述了建筑工程质量控制的具体工作内容、程序及方法。

本教材第1、2版自出版发行以来，经部分高等院校教学使用后，获得广泛的好评。随着建筑工程相关质量验收标准规范的修订颁布实施，教材中的部分内容，特别是工程施工阶段质量控制的有关内容已不能满足当前建筑工程施工质量控制工作的需要。为使教材内容能反映当前建筑工程质量控制领域的先进水平，充分满足高等院校学生毕业后从事相应岗位工作的需要，编者依据最新建筑工程施工质量验收标准规范，根据各院校使用者的建议，并结合近年来高等教育教学改革的动态，对本教材进行了修订。

本次修订坚持专业理论知识以"必需、够用"为度，帮助学生了解建筑工程质量的特性，熟悉建筑工程质量控制的概念，能够在质量形成过程中及时找出影响工程质量的因素，提高学生的实际工作能力。本次修订过程中还充分考虑全国监理工程师培训和执业资格考试的特点，在介绍工程质量相关法规、标准规范和建筑工程质量控制基本理论的基础上，力求体现可操作性和实用性。相比第1、2版，本次修订后的教材主要具有以下特点：

1. 坚持"能力培养、技能学习、知识使用"的原则，坚持以理论知识够用为度，以培养面向生产第一线的应用型人才为目的来组织内容，重视实际操作性和动手能力的培养，结合施工实际，努力使教材的内容做到清晰明确，通俗易懂。

2. 本次修订时对章节顺序未进行较大的变动，主要是对原有内容进行了适当修改与充实，从而进一步强化教材的实用性和操作性，以求能更好地满足高等院校的教学需要。

3. 体现了教材针对性、实用性、职业性，力求"教、学、做"统一。修订后的教材进一步强调培养学生的动手能力，重点强调学生怎么做，如何做，并对各章节的能力目标、知识目标、本章小结进行了修订，特别是对各章节的思考与练习进行了适当补充，有利于学生课后复习，强化应用所学理论知识解决工程实际问题的能力。

4. 本次修订引用了最新的工程建设标准和相关法律、法规，从而进一步突出了教材内容的科学性与政策性。

本书由刘晓丽、赵红、刘志红担任主编，刚宪水、蒲嘉霖、唐宁、钱正安担任副主编，陈胜博、赵恩亮参与编写。具体编写分工为：刘晓丽编写第三章，赵红编写第六章，刘志红、刚宪水共同编写第八章，蒲嘉霖、唐宁共同编写第七章，钱正安编写第五章，陈胜博编写第二章和第四章，赵恩亮编写第一章。本教材在修订过程中，参考了国内同行多部著作，相关高等院校的老师也对教材的修订提出了很多宝贵意见，在此对他们表示由衷的感谢。

限于编者的专业水平和实践经验，修订后的教材仍难免有疏漏和不妥之处，敬请广大读者及专家批评指正。

编 者

建筑工程质量控制是建设项目的核心，是决定工程建设成败的关键。确保建筑工程质量，是工程设计、施工、监理工作中永恒的主题。近年来，随着我国建筑行业的快速发展，建筑工程质量逐年提高，取得了可喜的成绩。但是，建筑工程质量受多方面因素的影响，工程质量问题时有发生，工程质量隐患时有暴露，建筑工程质量问题已成为社会关注的热点问题。

建筑工程质量控制是通过采取一系列的作业技术和活动对各个施工过程实施控制，使产品、体系或过程的固有特性达到要求，即满足顾客、法律、法规等方面所提出的质量要求（如适用性、安全性等）。

本教材第1版自出版发行以来，经有关院校教学使用，反映较好。为更好地适应科学技术发展的需要，进一步反映当前建筑工程质量控制的实际情况，我们组织有关专家学者对教材进行了修订。本次修订不仅根据读者、师生的信息反馈，对原教材中存在的问题进行了修正，并参阅了有关标准、规程、书籍，对教材体系进行了完善、修改与补充。本次修订主要进行了以下工作：

（1）对建筑工程质量管理基础知识进行了补充，增加了工程质量的特点、工程质量的形成与影响因素、质量控制和工程质量控制的概念、工程质量管理制度内容等，并删减了部分与实际应用关系不密切的知识。修订后本教材内容更加浅显易读，便于读者理解并掌握。

（2）对质量管理体系的体例进行了调整，并增加了质量管理的原则，质量管理体系的总体要求等内容，重点对质量管理体系的认证进行了重新编写，补充了质量认证的意义、质量认证的内容、质量认证的表示方法、质量认证管理体系的特征、质量管理体系认证的实施程序等知识点。修订后知识体系更加完整，易于读者更加深入地了解质量管理体系。

（3）对建筑工程勘察设计阶段、施工阶段质量控制增加了实践知识，如增加设计方案、施工图设计的质量控制，施工技术准备状态控制、施工活动过程控制、施工活动结果控制等内容，使读者更进一步地了解实际质量控制管理的过程与手段，从而达到学以致用的教学目的。

（4）根据教学大纲，增加生产设备质量控制，具体包括设备采购控制、制造控制、安装控制等，对生产设备环节的质量控制手段进行了补充；从细节上对部分知识点进行了补充说明，如增加了工程设计阶段的控制要点、质量控制抽样检验方案等内容。

本教材由齐秀梅、张国强、刘志红担任主编，刘先玉、李林、王文飞和谢怀民担任副主编；具体编写分工如下：齐秀梅编写第一章、第三章；张国强编写第二章、第四章；刘志红编写第六章；刘先玉编写第七章；李林编写第八章；王文飞和谢怀民共同编写第五章。

本教材在修订过程中，参阅了国内同行多部著作，部分高等院校老师提出了很多宝贵意见供我们参考，在此表示衷心的感谢！对于参与本教材第1版编写但未参与本次修订的老师、专家和学者，本版教材所有编写人员向你们表示敬意，感谢你们对高等教育改革所做出的不懈努力，希望你们对本教材保持持续关注并多提宝贵意见。

限于编者的学识及专业水平和实践经验，修订后的教材仍难免有疏漏或不妥之处，恳请广大读者指正。

编 者

质量是一个永恒的话题，所谓"质量管理"，是指确定质量方针、目标和职责，并在质量体系中通过诸如质量策划、质量控制、质量保证和质量改进，使其实施的全部管理职能活动。由于建筑项目施工涉及面广，是一个极其复杂的综合过程，再加上项目位置固定、生产流动、结构类型不一、质量要求不一、施工方法不一、体形大、整体性强、建设周期长、受自然条件影响大等特点，因此，要做好工程质量的管理工作，必须坚持"质量第一、用户至上""以人为核心""以预防为主""依据质量标准严格检查，一切用数据说话"等原则，贯彻科学、公正、守法的职业规范。

近几年来，随着我国国民经济的快速发展，建筑行业也取得了蓬勃发展，已成为我国国民经济的支柱产业。如何在这种形势下培养多样、灵活、开放的技能型、实用型人才，如何使教育教学与生产实践、社会服务、技术推广结合起来，已成为建筑行业继续发展和当前高等教育发展改革的重要任务。

为此，我们结合社会实践与教学两方面的需求，组织编写了本教材。"建筑工程质量控制"作为高等院校土建学科工程管理类专业的主干课程，着重介绍建筑工程实施阶段质量控制的具体内容、程序及方法。通过本课程的学习，要求学生了解与建筑工程质量控制相关的要素(诸如工程的适应性,建设项目的投资效果)，掌握工程质量的相关法规、标准规范和建筑工程质量控制基本理论，牢固树立"质量第一"的意识，坚持在施工项目管理中以"质量管理"为核心，掌握处理质量事故的方法。

本教材在内容上分为七章，介绍了建筑工程质量管理的基本概念，质量管理体系的构成、建立、运行和认证，建筑工程勘察设计阶段质量控制，建筑工程施工阶段质量控制，建筑工程质量验收，建筑工程质量问题分析及事故处理，以及建筑工程质量统计分析方法等。全书以适应社会需求为目标，以培养技术能力为主线，在内容选择上考虑土建工程专业的深度和广度，以"必需、够用"为度，以"讲清概念、强化应用"为重点，深入浅出，注重实用。

本教材侧重于对学生专业知识和技能的培养，将相关的专业法规、标准和规范等知识融为一体，资料翔实、内容丰富、图文并茂、编撰体例新颖，体现了编写的全面性、先进性和实用性。为方便教学，本教材在各章前设置了【学习重点】和【培养目标】，给学生学习和教师教学做出了引导；在各章后面设置了【本章小结】和【思考与练习】，从更深的层次给学生以思考、复习的提示，从而构建了一个"引导—学习—总结—练习"的教学全过程。

本教材由齐秀梅担任主编，刘先玉担任副主编，可作为高等院校土建学科工程管理类相关专业教材，也可作为土建工程施工人员、技术人员和管理人员学习、培训的参考用书。

本教材在编写过程中，参阅了国内同行多部著作，部分高等院校老师提出了很多宝贵意见供我们参考，在此，对他们表示衷心的感谢！

本教材的编写虽经推敲核证，但限于编者的专业水平和实践经验，仍难免有疏漏或不妥之处，恳请广大读者指正。

编 者

Contents 目录

第一章 建筑工程质量控制概论

学习目标

了解工程质量的特性及其形成过程，熟悉工程质量控制的概念及工程参建各方在工程质量管理过程中应承担的责任，掌握影响工程质量的因素和工程质量管理制度。

能力目标

通过本章内容的学习，能够在质量形成过程中及时找出影响工程质量的因素，并能够将质量管理制度完全贯穿在质量控制过程中，以解决工程质量控制的实际问题，保证工程顺利完工。

第一节 建筑工程质量和工程质量控制

一、基本概念

1. 质量

《质量管理体系　基础和术语》(GB/T 19000—2016/ISO9000：2015)中关于质量的定义是：客体(指可感知或可想象到的任何事物)的一组固有特性满足要求的程度。对上述定义可从以下几个方面来理解：

(1)质量不仅是指产品质量，也可以是某项活动或过程的工作质量，还可以是质量管理体系运行的质量。质量由一组固有特性组成，这些固有特性是指满足顾客和其他相关方的要求的特性，并由其满足要求的程度加以表征。

(2)特性是指区分的特征。特性可以是固有的或赋予的，也可以是定性的或定量的。质量特性是固有的特性，并通过产品、过程或体系设计和开发及其后的实现过程形成的属性。

固有的意思是指在某事或某物本来就有的，尤其是那种永久的特性。赋予的特性（如某一产品的价格）并非产品、过程或体系的固有特性时，则不是它们的质量特性。

（3）满足要求就是应满足明示的（如合同、规范、标准、技术、文件、图纸中明确规定的）、隐含的（如组织的惯例、一般习惯）或必须履行的（如法律、法规、行业规则）需要和期望。满足要求的程度的高低反映为质量的好坏。对质量的要求除考虑满足顾客的需求外，还应考虑其他相关方即组织自身利益、提供原材料和零部件等的供方利益和社会利益等多种需求，如安全性、环境保护、节约能源等外部的强制要求。只有全面满足这些要求，才能评定为好的质量或优秀的质量。

（4）顾客和其他相关方对产品、过程或体系的质量要求是动态的、发展的和相对的。质量要求随着时间、地点、环境的变化而变化。例如，随着技术的发展、生活水平的提高，人们对产品、过程或体系会提出新的质量要求。因此，应定期评定质量要求、修订规范标准，不断开发新产品，改进老产品，以满足不断变化的质量要求。另外，不同国家、不同地区由于自然环境条件不同、技术发达程度不同、消费水平和民俗习惯等不同都会对产品提出不同的要求，产品应具有这种环境的适应性，对不同地区应提供不同性能的产品，以满足该地区用户的明示或隐含的要求。

2. 建筑工程质量

建筑工程质量简称工程质量，工程质量是指工程满足业主需要的，符合国家法律法规、设计规范、技术标准、设计文件及工程合同规定的特性的综合要求。

工程质量有狭义和广义之分。狭义的工程质量是指施工的工程质量（即施工质量）；广义的工程质量除施工质量外，还包括工序质量和工作质量。

（1）施工质量。施工质量是指承建工程的适用价值，也就是施工工程的适用性。正确认识施工的工程质量是至关重要的。质量是为适用目的而具备的工程适用性，而不是绝对最佳的意思，不仅应该考虑实际用途和社会生产条件的平衡，还应考虑技术可能性和经济合理性。建设单位提出的质量要求，是考虑质量性能的一个重要条件，通常表示为一定幅度。施工企业应按照质量标准，进行最经济的施工，以降低工程造价，提高动能，从而提高工程质量。

（2）工序质量。工序质量也称为施工过程质量，是指施工过程中劳动力、机械设备、原材料、操作方法和施工环境五大要素对工程质量的综合作用过程，也称生产过程中五大要素的综合质量。在整个施工过程中，任何一个工序的质量存在问题，都会使整个工程的质量受到影响。为了保证工程质量达到质量标准，必须对工序质量给予足够重视，充分掌握五大要素的变化与质量波动的内在联系，改善不利因素，及时控制质量波动，调整各个要素之间的相互关系，保证连续不断地生产合格产品。

（3）工作质量。工作质量是指参与工程的建设者，为了保证工程的质量所从事工作的水平和完善程度。工作质量包括社会工作质量，如社会调查、市场预测、质量回访等；生产过程工作质量，如思想政治工作质量、管理工作质量、技术工作质量和后勤工作质量等。工程质量的好坏是建筑工程形成过程的各方面、各环节工作质量的综合反映，而不是单纯靠质量检验检查出来的。为保证工程质量，要求有关部门和人员认真工作，对决定和影响工程质量的所有因素严加控制，即通过工作质量来保证和提高工程质量。

二、建筑工程质量的形成过程

(1)项目可行性研究与决策阶段。项目可行性研究是在项目建议书和项目策划的基础上，运用经济学原理对投资项目的有关技术、经济、社会、环境及所有方面进行调查研究，对各种可能的拟建方案和建成投产后的经济效益、社会效益等进行技术经济分析、预测和论证，确定项目建设的可行性，并在可行的情况下，通过对多个方案的比较选择出最佳建设方案，作为项目决策和设计的依据。在此过程中，需要确定工程项目的质量要求，并与投资目标相协调。

项目决策阶段是通过项目可行性研究和项目评估，对项目的建设方案作出决策，使项目的建设充分反映业主的意愿，并与地区环境相适应，做到投资、质量、进度三者协调统一。

项目的可行性研究直接影响项目的决策质量和设计质量。项目决策阶段对工程质量的影响主要是确定工程项目应达到的质量目标和水平。

(2)工程勘察、设计阶段。工程勘察的目的是为建设场地的选择和工程的设计与施工提供地质资料依据。工程设计则是根据建设项目总体需求(包括已确定的质量目标和水平)和地质勘察报告，对工程的外形和内在实体进行策划、研究、构思、设计和描绘，形成设计说明书和图纸等相关文件，使质量目标和水平具体化，为施工提供直接依据。

工程设计质量是决定工程质量的关键环节。设计的严密性、合理性关系着工程建设的成败，是建设工程的安全、适用、经济与环境保护等措施得以实现的保证。

(3)工程施工阶段。工程施工是指按照设计图纸和相关文件的要求，在建设场地上将设计意图付诸实现的测量、作业、检验，形成工程实体，建成最终产品的活动。工程施工活动决定了设计意图能否体现，它直接关系到工程是否安全、可靠，使用功能能否保证，以及外表观感能否体现建筑设计的艺术水平。在一定程度上，工程施工是形成实体质量的决定性环节。

(4)工程竣工验收阶段。工程竣工验收就是通过对项目施工阶段的质量进行检查评定，试车运转，考核项目质量是否达到设计要求，是否符合决策阶段确定的质量目标和水平，并通过验收确保工程项目的质量。

三、建筑工程质量的特性及其影响因素

1. 建筑工程质量的特性

建筑工程作为一种特殊的产品，除具有一般产品共有的质量特性，如性能、寿命、可

靠性、安全性、观赏性等满足社会需要的使用价值及其属性外，还具有特定的内涵、特性，其主要表现在以下六个方面：

(1)适用性。适用性是指工程满足使用目的的各种性能，即功能。例如，民用住宅工程应能使居住者安居，工业厂房应能满足生产活动需要，道路、桥梁、铁路、航道应通达便捷等。

(2)耐久性。耐久性是指工程在规定的条件下，满足规定功能要求使用的年限，也就是工程竣工后的合理使用寿命周期。由于建筑物本身具有结构类型不同、质量要求不同、施工方法不同、使用性能不同的特点，因此，目前国家对建设工程的合理使用寿命周期还缺乏统一的规定，仅在少数技术标准中提出了明确要求，如民用建筑主体结构耐用年限分为四级(15～30年、30～50年、50～100年、100年以上)。

(3)安全性。安全性是指工程建成后在使用过程中保证结构安全、保证人身和环境免受危害的程度。

(4)可靠性。可靠性是指工程在规定的时间和条件下完成规定功能的能力。例如，工程上的防洪、抗震能力及防水隔热、恒温恒湿措施。工程不仅要求在交工验收时达到规定的指标，而且在一定的使用时期内要保持应有的正常功能。

(5)经济性。经济性是指工程从规划、勘察、设计、施工到整个产品使用寿命周期内的成本和消耗的费用。其包括征地、拆迁、勘察、设计、采购(材料、设备)、施工、配套设施等建设全过程的总投资和工程使用阶段的能耗、水耗、维护、保养乃至改建更新的使用维修费用。应通过分析比较，判断工程是否符合经济要求。

(6)与环境的协调性。与环境的协调性是指工程与其周围生态环境协调，与所在地区经济环境协调以及与周围已建工程协调，以适应可持续发展的要求。

上述六个方面的质量特性彼此之间是相互依存，缺一不可的，但是对于不同门类、不同专业的工程，可根据其所处的特定地域环境条件、技术经济条件的差异，侧重不同的方面。

2. 影响建筑工程质量的因素

影响建筑工程质量的因素很多，但归纳起来主要有人、材、机、方法和环境条件五个方面。

(1)人，即人员素质。人是生产经营活动的主体，人的文化水平、技术水平、决策能力、管理能力、组织能力、作业能力、控制能力、身体素质及职业道德等，都将直接和间接地影响规划、决策、勘察、设计和施工的质量；而规划是否合理，决策是否正确，设计是否符合所需的质量功能，施工能否满足合同、规范、技术标准的需要等，都将对工程质量产生不同程度的影响，可见人员素质是影响工程质量的一个重要因素。建筑行业实行的经营资质管理，各类专业从业人员执行持证上岗制度，都是保证人员素质的重要管理措施。

(2)材，即工程材料。工程材料泛指构成工程实体的各类建筑材料、构配件、半成品等，工程材料的选用是否合理、质量是否合格、是否经过检验、保管使用是否得当等，都直接影响建筑工程的质量。

（3）机，即机械设备。机械设备可分为两类：一是指组成工程实体的及配套的工艺设备和各类机具，如电梯、泵机、通风设备等；二是指施工过程中使用的各类机具设备，包括大型垂直与横向运输设备、各类操作工具、各种施工安全设施、各类测量仪器和计量器具等，简称施工机具设备。施工机具设备的产品质量优劣，直接影响工程使用功能。施工机具设备的类型是否符合工程施工特点、性能是否先进稳定、操作是否方便安全等，都会影响工程项目的质量。

（4）方法。方法是指施工方案、工艺方法和操作方法。在工程施工中，施工方案是否合理、施工工艺是否先进、施工操作是否正确，都将对工程质量产生重大的影响。

（5）环境条件。环境条件是指对工程质量起重要作用的环境因素。其包括：工程技术环境，如工程地质、水文、气象状况等；工程作业环境，如施工环境作业面大小、防护设施、通风照明和通信条件等；工程管理环境，主要指工程实施的合同结构与管理关系的确定、组织体制及管理制度等；周边环境，如工程邻近的地下管线、建（构）筑物等。加强环境管理、改进作业条件、把握好技术环境，辅以必要的措施，是控制环境对质量影响的重要保证。

四、建筑工程质量控制

质量控制是质量管理的重要组成部分，其目的是使产品、体系或过程的固有特性达到要求，即满足顾客及法律、法规等方面所提出的质量要求（如适用性、安全性等）。所以，质量控制是通过采取一系列的作业技术和活动对各个过程实施控制的。

建筑工程质量控制是指致力于满足质量要求，也就是为了保证工程质量满足工程合同规范标准所采取的一系列措施、方法和手段。工程质量要求主要表现为工程合同和设计文件、技术规范、标准规定的质量标准。其主要包括以下四个方面：

（1）政府的工程质量控制。政府属于监控主体，它主要是以法律法规为依据，通过工程报建、施工图设计文件审查、施工许可证、材料和设备准用、工程质量监督、重大工程竣工验收备案等主要环节进行的。

（2）工程监理单位的质量控制。工程监理单位属于监控主体，它主要是受建设单位的委托，代表建设单位对工程实施全过程进行质量监督和控制，包括勘察设计阶段质量控制和施工阶段质量控制，以满足建设单位对工程质量的要求。

（3）勘察设计单位的质量控制。勘察设计单位属于自控主体，它以法律、法规及合同为依据，对勘察设计的整个过程进行控制，包括工作程序、工作进度、费用及成果文件所包含的功能和使用价值，以满足建设单位对勘察设计质量的要求。

（4）施工单位的质量控制。施工单位属于自控主体，其以工程合同、设计图纸和技术规范为依据，对施工准备阶段、施工阶段、竣工验收交付阶段等施工全过程的工作质量和工程质量进行控制，以达到合同文件规定的质量要求。

第二节 建筑工程质量管理制度

一、施工图设计文件审查制度

施工图设计文件（以下简称"施工图"）审查是政府主管部门对工程勘察设计质量监督管理的重要环节。施工图审查是指国务院住房城乡建设主管部门和省、自治区、直辖市人民政府住房城乡建设主管部门委托依法认定的设计审查机构，根据国家法律、法规、技术标准与规范，对施工图进行结构安全和强制性标准、规范执行情况等独立审查。

建设工程质量
管理条例

施工图审查可按以下五个步骤办理：

(1)建设单位向住房城乡建设主管部门报送施工图，并做书面记录。

(2)住房城乡建设主管部门委托审查机构进行审查，同时发出委托审查通知书。

(3)审查机构完成审查，向住房城乡建设主管部门提交技术性审查报告。

(4)审查结束，住房城乡建设主管部门向建设单位发出施工图审查批准书。

(5)报审施工图设计文件和有关资料应存档备查。

二、工程质量监督制度

工程质量监督管理的主体是各级政府住房城乡建设主管部门和其他有关部门。由于工程建设周期长、环节多、点多面广，而且工程质量监督工作是一项专业技术性强且很繁杂的工作，政府部门不可能亲自进行日常检查工作，因此，工程质量监督管理由住房城乡建设主管部门或其他有关部门委托的工程质量监督机构具体实施。工程质量监督机构的主要任务如下：

(1)根据政府主管部门的委托，受理建设工程项目的质量监督。

(2)制订质量监督工作方案。确定负责该项工程的质量监督工程师和助理质量监督工程师。根据有关法律、法规和工程建设强制性标准，针对工程特点，明确监督的具体内容和监督方式。在方案中，对地基基础、主体结构和其他涉及结构安全的重要部位和关键过程，作出实施监督的详细计划安排，并将质量监督工作方案通知建设、勘察、设计、施工、监理单位。

(3)检查施工现场工程建设各方主体的质量行为。其包括检查施工现场工程建设各方主体及有关人员的资质或资格；检查勘察、设计、施工、监理单位的质量管理体系和质量责任制落实情况；检查有关质量文件、技术资料是否齐全，是否符合规定。

（4）检查建设工程实体质量。按照质量监督工作方案，对建设工程地基基础、主体结构和其他涉及安全的关键部位进行现场实地抽查，对用于工程的主要建筑材料、构配件的质量进行抽查。对地基基础分部工程、主体结构分部工程和其他涉及安全的分部工程的质量验收进行监督。

（5）监督工程质量验收。监督建设单位组织的工程竣工验收的组织形式、验收程序以及在验收过程中提供的有关资料和形成的质量评定文件是否符合有关规定，实体质量是否存在严重缺陷，工程质量验收是否符合国家标准。

（6）向委托部门报送工程质量监督报告。报告的内容应包括对地基基础和主体结构质量检查的结论，工程施工验收的程序、内容和质量检验评定是否符合有关规定，以及历次抽查该工程的质量问题和处理情况等。

（7）对预制建筑构件和商品混凝土的质量进行监督。

（8）受委托部门委托按规定收取工程质量监督费。

（9）负责政府主管部门委托的工程质量监督管理的其他工作。

工程质量监督机构是经省级以上住房城乡建设主管部门或有关专业部门考核认定，具有独立法人资格的单位。它受县级以上地方人民政府住房城乡建设主管部门或有关专业部门的委托，依法对工程质量进行强制性监督，并对委托部门负责。

三、工程质量检测制度

工程质量检测工作是对工程质量进行监督管理的重要手段之一。工程质量检测机构是对建设工程，建筑构件、制品及现场所用的有关建筑材料、设备的质量进行检测的法定单位。工程检测机构主要有国家级检测机构和各省级、市（地区）级、县级检测机构。

（1）国家级检测机构的主要任务是受国务院住房城乡建设主管部门和专业部门委托，对指定的国家重点工程进行检测复核，提出检测复核报告和建议；受国家住房城乡建设主管部门和国家标准部门委托，对建筑构件、制品及有关材料、设备及产品进行抽样检验。

（2）各省级、市（地区）级、县级检测机构的主要任务是对本地区正在施工的建设工程所用的材料、混凝土、砂浆和建筑构件等进行随机抽样检测，向本地建设工程质量主管部门和质量监督部门提出抽样报告和建议，并受同级住房城乡建设主管部门委托，对省、市、县的建筑构件、制品进行抽样检测。对违反技术标准、失去质量控制的产品，检测单位有权提供主管部门停止其生产的证明，不合格产品不准出厂，已出厂的产品不得使用。

四、工程质量保修制度

建设工程质量保修制度是指建设工程在办理交工验收手续后，在规定的保修期限内，因勘察、设计、施工、材料等原因造成的质量问题，要由施工单位负责维修、更换，由责任单位负责赔偿损失。

建设工程承包单位在向建设单位提交工程竣工验收报告时，应向建设单位出具工程质量保修书。工程质量保修书中应明确建设工程保修范围、保修期限和保修责任等。在正常使用条件下，建设工程的最低保修期限如下：

(1)基础设施工程、房屋建筑工程的地基基础和主体结构工程，为设计文件规定的该工程的合理使用年限。

(2)屋面防水工程，有防水要求的卫生间、房间和外墙面的防渗漏，为5年。

(3)供热与供冷系统，为2个采暖期。

(4)电气管线、给水排水管道、设备安装和装修工程，为2年。

其他项目的保修期由发包方与承包方约定。保修期自竣工验收合格之日起计算。

建设工程在保修期限内发生质量问题的，施工单位应当履行保修义务。保修义务的承担和经济责任的承担应按下列原则处理：

(1)施工单位未按国家有关标准、规范和设计要求施工造成的质量问题，由施工单位负责返修并承担经济责任。

(2)由于设计方面的原因造成的质量问题，先由施工单位负责维修，其经济责任按有关规定通过建设单位向设计单位索赔。

(3)因建筑材料、构配件和设备质量不合格引起的质量问题，先由施工单位负责维修，其经济责任属于施工单位采购的，由施工单位承担经济责任；属于建设单位采购的，由建设单位承担经济责任。

(4)因建设单位(含监理单位)错误管理造成的质量问题，先由施工单位负责维修，其经济责任由建设单位承担，如属监理单位的责任，则由建设单位向监理单位索赔。

(5)因使用单位使用不当造成的损坏问题，先由施工单位负责维修，其经济责任由使用单位自行负责。

(6)因地震、洪水、台风等不可抗力原因造成的损坏问题，先由施工单位负责维修，建设参与各方根据国家具体政策分担经济责任。

第三节　工程参建各方的质量责任

一、建设单位的质量责任

(1)建设单位要根据工程特点和技术要求，按有关规定选择相应资质等级的勘察、设计单位和施工单位，在合同中必须有质量条款，明确质量责任，并真实、准确、齐全地提供与建设工程有关的原始资料。凡建设工程项目的勘察、设计、施工、监理以及工程建设有关重要设备材料等的采购，均实行招标，依法确定程序和方法，择优选定中标者。不得将应由一个承包单位完成的建设工程项目肢解成若干部分发包给几个承包单位；不得迫使承包方以低于成本的价格竞标；不得任意压缩合理工期；不得明示或暗示设计单位或施工单位违反建设强制性标准，降低建设工程质量。建设单位对其自行选择的设计、施工单位发生的质量问题承担相应责任。

(2)建设单位应根据工程特点，配备相应的质量管理人员。对国家规定强制实行监理的工程项目，必须委托具有相应资质等级的工程监理单位进行监理。建设单位应与监理单位签订监理合同，明确双方的责任和义务。

(3)建设单位在工程开工前，负责办理有关施工图设计文件审查、工程施工许可证和工程质量监督手续，组织设计和施工单位认真进行设计交底。在工程施工过程中，应按国家现行有关工程建设法规、技术标准及合同规定，对工程质量进行检查。对涉及建筑主体和承重结构变动的装修工程，建设单位应在施工前委托原设计单位或者相应资质等级的设计单位提出设计方案，经原审查机构审批后方可施工。工程项目竣工后，应及时组织设计、施工、工程监理等有关单位进行施工验收，未经验收备案或验收备案不合格的，不得交付使用。

(4)建设单位按合同的约定负责采购供应的建筑材料、建筑构配件和设备，应符合设计文件和合同要求，对发生的质量问题，应承担相应责任。

二、勘察、设计单位的质量责任

(1)勘察、设计单位必须在其资质等级许可的范围内承揽相应的勘察设计任务，不得承揽超越其资质等级许可范围以外的任务，不得将承揽工程转包或违法分包，也不得以任何形式以其他单位的名义承揽业务或允许其他单位或个人以本单位的名义承揽业务。

(2)勘察、设计单位必须按照国家现行的有关规定、工程建设强制性技术标准和合同要求进行勘察、设计工作，并对所编制的勘察、设计文件的质量负责。勘察单位提供的地质、测量、水文等勘察成果文件必须真实、准确。设计单位提供的设计文件应当符合国家规定的设计深度要求，注明工程合理使用年限。设计文件中选用的材料、构配件和设备，应当注明规格、型号、性能等技术指标，其质量必须符合国家规定的标准。除有特殊要求的建筑材料、专用设备、工艺生产线外，不得指定生产厂、供应商。设计单位应就审查合格的施工图文件向施工单位作出详细说明，解决施工中对设计提出的问题，负责设计变更。参与工程质量事故分析，并对因设计造成的质量事故，提出相应的技术处理方案。

三、施工单位的质量责任

(1)施工单位必须在其资质等级许可的范围内承揽相应的施工任务，不得承揽超越其资质等级业务范围以外的任务，不得将承接的工程转包或违法分包，也不得以任何形式以其他施工单位的名义承揽工程或允许其他单位或个人以本单位的名义承揽工程。

（2）施工单位对所承包的工程项目的施工质量负责。应当建立健全质量管理体系，落实质量责任制，确定工程项目的项目经理、技术负责人和施工管理负责人。实行总承包的工程，总承包单位应对全部建设工程质量负责。建设工程勘察、设计、施工、设备采购的一项或多项实行总承包的，总承包单位应对其承包的建设工程或采购设备的质量负责；实行总分包的工程，分包应按照分包合同的约定对其分包工程的质量向总承包单位负责，总承包单位与分包单位对分包工程的质量承担连带责任。

（3）施工单位必须按照工程设计图纸和施工技术规范标准组织施工。未经设计单位同意，不得擅自修改工程设计。在施工中，必须按照工程设计要求、施工技术规范标准和合同约定，对建筑材料、构配件、设备和商品混凝土进行检验，不得偷工减料，不得使用不符合设计和强制性技术标准要求的产品，不得使用未经检验和试验或检验和试验不合格的产品。

四、工程监理单位的质量责任

（1）工程监理单位应按其资质等级许可的范围承担工程监理业务，不得超越本单位资质等级许可的范围或以其他工程监理单位的名义承担工程监理业务，不得转让工程监理业务，不得允许其他单位或个人以本单位的名义承担工程监理业务。

（2）工程监理单位应依照法律、法规以及有关技术标准、设计文件和建设工程承包合同与建设单位签订监理合同，代表建设单位对工程质量实施监理，并对工程质量承担监理责任。监理责任主要有违法责任和违约责任两个方面。如果工程监理单位故意弄虚作假、降低工程质量标准，造成质量事故的，要承担法律责任。工程监理单位与承包单位串通，谋取非法利益，给建设单位造成损失的，应当与承包单位承担连带赔偿责任。监理单位在责任期内，不按照监理合同的约定履行监理职责，给建设单位或其他单位造成损失的，属违约责任，应当对建设单位进行赔偿。

本章小结

在 ISO9000 族标准中，质量的定义是指客体（指可感知或可想象到的任何事物）的一组固有特性满足要求的程度，建筑工程质量的特性主要体现在适用性、耐久性、安全性、可靠性、经济性及与环境的协调性。影响工程质量的因素很多，但归纳起来主要有人、材、机、方法和环境条件五个方面。质量控制是质量管理的重要组成部分，是指致力于满足质量要求，也就是为了保证工程质量满足工程合同规范标准所采取的一系列措施、方法和手段。近年来，我国住房城乡建设主管部门先后颁发了多项建设工程质量管理制度，主要包括施工图设计文件审查制度、工程质量监督制度、工程质量检测制度和工程质量保修制度。

一、填空题

1. 广义的工程质量除施工质量外，还包括_____和_____。

2. 项目的可行性研究直接影响项目的_____和_____。

3. _____的目的是为建设场地的选择和工程的设计与施工提供地质资料依据。

4. _____是通过采取一系列的作业技术和活动对各个过程实施控制的。

5. _____是对工程质量进行监督管理的重要手段之一。

二、选择题

1. 工程质量监督管理的主体是( )。

    A. 施工单位   B. 建设单位

    C. 监理单位   D. 各级政府建设行政主管部门和其他有关部门

2. ( )是经省级以上住房城乡建设主管部门或有关专业部门考核认定，具有独立法人资格的单位。

    A. 工程质量监督机构   B. 工程监理单位

    C. 工程建设单位   D. 工程施工单位

3. 工程保修期自( )之日起计算。

    A. 工程竣工   B. 工程交付   C. 竣工验收合格   D. 工程开工

三、问答题

1. 如何理解建筑工程质量的经济性？

2. 简述施工图审查的步骤。

3. 在工程质量管理过程中，国家级检测机构的主要任务是什么？

第二章　ISO 质量管理体系及卓越绩效管理模式

学习目标

　　了解 ISO 质量管理体系的内涵、特征和构成，熟悉质量管理的原则和卓越绩效管理模式，掌握质量管理体系的策划、文件编制、运行、认证和持续改进。

能力目标

　　通过本章内容的学习，能够进行质量管理体系的策划和质量管理体系文件的编制，并能够进行质量管理体系的运行、认证和持续改进。

第一节　ISO 质量管理体系的内涵和构成

一、ISO 质量管理体系的内涵

　　质量管理体系是指组织内部建立的，为实现质量目标所必需的、系统的质量管理模式，其是组织的一项战略决策。它将资源与过程结合，以过程管理方法进行系统管理，根据企业特点选用若干体系要素加以组合，可以理解为涵盖了确定顾客需求、设计研制、生产、检验、销售、交付之前全过程的策划、实施、监控、纠正与改进活动的要求。一般以文件化的方式，成为组织内部质量管理工作的要求。

　　针对质量管理体系的要求，质量管理体系国际标准化组织(ISO)质量管理和质量保证技术委员会制定了 ISO9000 族系列标准，以适应不同类型、产品、规模与性质的组织。该类标准由若干相互关联或补充的单个标准组成，其中为人们所熟知的是《质量管理体系要求》

（GB/T 19001/ISO9001：2015）。

二、ISO 质量管理体系的构成

ISO9000 族标准是质量管理的系列国家标准，它总结了世界范围内质量管理的实践经验，吸收了管理科学的新发展、新观念，形成了一套先进的质量管理模式。

ISO9000 族标准主要由四个核心标准构成，见表 2-1。

表 2-1　ISO9000 族标准的核心标准

序号	核心标准	说明
1	《质量管理体系 基础和术语》（GB/T 19000—2016/ISO9000：2015）	《质量管理体系 基础和术语》（GB/T 19000—2016/ISO9000：2015）起着奠定理论基础、统一术语概念和明确指导思想的作用，具有很重要的地位。标准中表述了质量管理的原则，对质量管理体系的某些方面作出了指导性说明，阐明了质量管理领域所用术语的概念
2	《质量管理体系 要求》（GB/T 19001—2016/ISO9001：2015）	《质量管理体系 要求》（GB/T 19001—2016/ISO9001：2015）规定了质量管理体系的要求，可用于组织证实其有能力稳定地提供满足顾客要求和适用法律法规要求的产品；也可用于组织通过质量管理体系的有效应用，包括持续改进质量管理体系的过程及保证符合顾客和适用法律法规的要求，实现增强顾客满意度的目标
3	《追求组织的持续成功 质量管理方法》（GB/T 19004—2011）	《追求组织的持续成功 质量管理方法》（GB/T 19004—2011）提供了通过运用质量管理方法实现持续成功的指南，以帮助组织应对复杂的、严峻的和不断变化的环境。通过对组织进行有效的管理，了解组织的环境、开展学习以及进行适当的改进和（或）创新，能够实现持续成功。标准倡导将自我评价作为评价组织成熟度等级的重要工具，包括评价领导作用、战略、管理体系、资源和过程等方面，从而识别组织的优势、劣势以及改进和（或）创新的机会
4	《管理体系审核指南》（GB/T 19011—2013）	《管理体系审核指南》（GB/T 19011—2013）提供关于审核方案管理和管理体系审核的策划、实施以及审核员、审核组能力和评价的指南，适用于广泛的潜在使用者，包括审核员、实时管理体系的组织以及由于合同或法律法规要求需要实施管理体系审核的组织

第二节　ISO 质量管理体系的质量管理原则和特征

一、质量管理原则

质量管理原则是 ISO9000 族标准的编制基础，它的贯彻执行能有效地指导组织实施质量管理，帮助组织实现预期的质量方针和质量目标。其具体内容如下：

（1）以顾客为关注焦点。组织（从事一定范围生产经营活动的企业）依存于其顾客。组织应理解顾客当前和未来的需求，满足顾客的要求并争取超越顾客的期望。

（2）领导作用。领导者确立本组织统一的宗旨和方向，并营造和保持员工充分参与实现组织目标的内部环境。因此，领导在企业的质量管理中起着决定性作用。只有领导重视，各项质量管理活动才能有效开展。

（3）全员参与。各级人员都是组织之本，只有全员充分参与，才能使他们的才干为组织带来收益。产品质量是产品形成过程中全体人员共同努力的结果，其中，也包含为他们提供支持的管理、检查、行政人员的贡献。企业领导应对员工进行质量意识等各方面的教育，激发他们的积极性和责任感，为其能力、知识、经验的提高提供机会，发挥创造精神，鼓励持续改进。用给予必要的物质和精神奖励的方式，使全员积极参与，以达到让顾客满意的目标。

（4）过程方法。将相关的资源和活动作为过程进行管理，可以更高效地得到期望的结果。任何使用资源的生产活动和将输入转化为输出的一组相关联的活动都可视为过程。ISO9000 标准即建立在过程控制的基础上。一般在过程的输入端、过程的不同位置及输出端都存在着可以进行测量、检查的机会和控制点，对这些控制点进行测量、检测和管理，便能控制过程的有效实施。

（5）管理的系统方法。将相互关联的过程作为系统加以识别、理解和管理，有助于组织实现其目标。不同企业应根据自己的特点，建立资源管理、过程实现、测量分析改进等方面的关联关系，并加以控制，即采用过程网络的方法建立质量管理体系，实施系统管理。

（6）持续改进。持续改进总体业绩是组织的一个永恒目标，其作用在于增强企业满足质量要求的能力，包括产品质量、过程及体系的有效性和效率的提高。持续改进是增强和满足质量要求能力的循环活动，使企业的质量管理走上良性循环的轨道。

（7）基于事实的决策方法。有效的决策应建立在数据和信息分析的基础上，数据和信息分析是事实的高度提炼。以事实为依据作出决策，可防止决策失误。因此，企业领导应重视数据信息的收集、汇总和分析，以便为决策提供依据。

（8）与供方互利的关系。组织与供方是相互依存的，建立双方的互利关系可以增强双方创造价值的能力。供方提供的产品是企业所提供产品的一个组成部分。处理好与供方的关系，涉及企业能否持续稳定地提供令顾客满意的产品的重要问题。因此，对供方不能只讲控制，不讲合作互利，特别是关键供方，更要建立互利关系，这对企业与供方都有利。

二、质量管理体系的特征

（1）符合性。要有效开展质量管理，必须设计、建立、实施和保持质量管理体系。组织的最高管理者依据相关标准对质量管理体系的设计、建立应符合行业特点、组织规模、人员素质和能力，同时，还要考虑到产品和过程的复杂性、过程的相互作用情况、顾客的特点等。

（2）系统性。质量管理体系是相互关联和相互作用的子系统所组成的复合系统，其包括以下内容：

1)组织结构——合理的组织机构和明确的职责、权限及其协调的关系；

2)程序——规定到位的形成文件的程序和作业指导书，是过程运行和进行活动的依据；

3)过程——质量管理体系的有效实施，是通过其过程的有效运行来实现的；

4)资源——必需、充分且适宜的资源包括人员、材料、设备、设施、能源、资金、技术、方法等。

(3)全面有效性。质量管理体系的运行应是全面有效的，既能满足组织内部质量管理的要求，又能满足组织与顾客的合同要求，还能满足第二方认定、第三方认证和注册的要求。

(4)预防性。质量管理体系应能采用适当的预防措施，有一定的防止重要质量问题发生的能力。

(5)动态性。组织应综合考虑利益、成本和风险，通过质量管理体系的持续有效运行和动态管理使其最佳化。最高管理者定期批准进行内部质量管理体系审核，定期进行管理评审，以改进质量管理体系；还要支持质量职能部门(含现场)采用纠正措施和预防措施改进过程，从而完善体系。

(6)持续受控。质量管理体系应保持过程及其活动持续受控。

第三节 质量管理体系的建立

一、质量管理体系策划

质量管理体系策划是建立和实施质量管理体系的前期工作，其目的是提高企业管理水平、提高监理服务质量、增强企业信誉度和提高市场竞争能力。

1. 质量管理体系策划应考虑的因素

(1)针对特定产品、项目或合同所需达到的质量目标以及所需建立的相应的质量管理过程和子过程，识别关键的过程和活动，对过程或涉及的活动规定途径；确定过程的输入、输出及活动，并对其进行相应的规定、评审、验证、确认并形成文件。

(2)识别为实现质量目标所需建立的过程的资源配置，运作阶段的划分，人员的职责、权限和相互关系。

(3)确定过程涉及的验证和确认活动及验收准则，对过程和产品的关键或重要特性应安排测量和监控活动以及确定为过程和产品的符合性提供证据的记录。

(4)为实现公司年度质量目标和阶段或局部的质量目标进行定期评审，重点评审过程和活动的改进。

(5)根据评审结果寻找与质量目标的差距，确保持续改进，提高公司质量管理体系的有效性和效率。

(6)质量策划的结果(包括更改)应形成文件,如质量管理方案、质量计划、控制计划等。

2. 质量管理体系策划的内容

(1)领导决策,统一思想。建立与实施质量管理体系是实行科学管理、完善组织结构、提高管理能力的需要,工程监理单位应严格依据质量标准体系建立和强化质量管理的监督制约机制、自我完善机制,保证组织活动或过程科学、规范地运作,从而提高工程监理单位的服务质量,更好地满足客户需求。由于领导层的认识与投入是质量管理体系建立与实施的关键,因此,最高管理者要统一各管理层的思想认识,确定并建立质量管理体系的目标。

(2)成立班子,拟订计划。质量管理体系的建立与落实涉及工程监理单位所有管理职能部门、现场项目监理机构和每位员工。为确保监理单位质量管理体系的建立和实施,应成立工作班子。工作班子一般划分为领导班子、领导小组和职能小组三个层次。领导班子由监理单位最高管理者作为负责人,可由其确定管理者代表,负责具体质量管理体系的建立工作,其主要任务包括:质量管理体系建设的总体规划,制定质量方针和目标,按职能部门进行质量职能的分解。领导小组由监理单位质量部门和技术部门的领导共同牵头,各职能部门领导(或代表)参加,其主要任务是按照质量管理体系建设的总体规划具体组织实施。职能小组主要负责质量管理体系文件的编写,应根据各职能的分工,明确质量管理体系条款的责任单位并确定编写人员。

(3)教育培训,统一认识。质量管理体系建立和完善的过程,是始于教育,终于教育的过程,也是提高认识和统一认识的过程。应按照 ISO 标准的要求。对监理单位的决策层、管理层和执行层分别进行培训,统一认识。

(4)调查现状,分析评价。建立和实施质量管理体系的目的是完善、整合、改造现有的体系,使之更加规范和符合标准要求。应根据 ISO9000 标准的要求对监理单位的现状进行调查和分析,对现有的管理体系进行分析评价,确定各个过程和子过程中应开展的质量活动,明确现有的工作流程和管理方法与标准要求有哪些差距。

(5)制定方针,明确目标。质量方针是由组织的最高管理者正式发布的该组织总的质量宗旨和方向,质量目标是指组织在质量方面所追求的目的。质量方针的建立为组织确定了未来发展的蓝图,也为质量目标的建立和评审提供了框架。质量方针必须通过质量目标的执行和实现才能得到落实,质量目标的建立为组织的运作提供了具体的要求,质量目标应以质量方针为框架具体展开。目标的内容要在组织当前质量水平的基础上,按照组织自身对更高质量的合理期望来确定,并适时修订和提高,以便与质量管理体系持续改进的承诺一致。由于质量目标的实现对产品质量的控制、改进和提高,具体过程运作的有效性以及经济效益都有积极的作用和影响,因此,其也对组织获得顾客以及相关方的满意和信任产生积极的影响。

(6)健全机构,明确职权。建立健全质量管理体系机构,为建立单位拥有科学的管理模式、严谨的工作作风、高水平服务的基础。质量管理体系机构的各级成员应涵盖建立单位的最高管理层，即管理者代表，总工程师，副经理，各职能部门、各监理机构负责人等。

二、质量管理体系文件编制

质量管理体系文件是描述一个企业的质量体系结构、职责和工作程序的一整套文件。其包括 ISO9000 族标准所要求的程序文件和组织为确保其过程有效运行和得到控制所要求的文件。质量管理体系文件的范围和详略程度应视下列情况而定：

(1)组织的规模和形式。

(2)过程的复杂性与它们之间的相互作用。

(3)人员的能力。

1. 质量管理体系文件的编制原则

(1)符合性。质量管理体系文件应符合监理单位的质量方针和目标，符合质量管理体系的要求。这两个符合性，也是质量管理体系认证的基本要求。

(2)确定性。在描述任何质量活动过程时，必须使其具有确定性，即何时、何地、由谁、依据什么文件、怎么做，以及应保留什么记录等必须加以明确规定，排除人为的随意性。只有这样才能保证过程的一致性，才能保障产品质量的稳定性。

(3)相容性。各种与质量管理体系有关的文件之间应保持良好的相容性，即不仅要协调一致，不产生矛盾，而且要各自为实现总目标承担好相应的任务，从质量策划开始就应当考虑保持文件的相容性。

(4)可操作性。质量管理体系文件必须符合监理单位的客观实际，具有可操作性，这是体系文件得以有效贯彻实施的重要前提。因此，应该做到编写人员深入实际进行调查研究，使用人员及时反馈使用中存在的问题，力求尽快改进和完善，确保体系文件可以操作且行之有效。

(5)系统性。质量管理体系应是一个由组织结构、程序、过程和资源构成的有机的整体。而在编写体系文件的过程中，由于要素及部门人员的分工不同、侧重点不同及其局限性，保持全局的系统性较为困难，因此，监理单位应该站在系统高度，着重搞清每个程序在体系中的作用，其输入、输出与其他程序之间的界面和接口，并施以有效的反馈控制。另外，体系文件之间的支撑关系必须清晰，质量管理体系程序要支撑质量手册，即对质量手册提出的各种管理要求都有交代、有控制的安排。作业文件也应如此支撑质量管理体系程序。

(6)独立性。在关于质量管理体系评价方面，应贯彻独立性原则，使体系评价人员独立于被评价的活动(即只能评价与自己无责任和利益关联的活动)。只有这样，才能保证评价的客观性、真实性和公正性。同理，监理单位在设计验证、确认、质量审核、检验等活动中贯彻独立性原则也是必要的。

2. 质量管理体系文件的编制内容

质量管理体系文件由质量手册、程序文件和作业文件构成，应根据标准要求、行业特点和监理单位的实际情况等进行编制，所编制的文件应在一定时期内具有先进性、适宜性和可操作性。

(1)质量手册。质量手册是指监理单位内部质量管理的纲领性文件和行动准则。质量手册应阐明监理单位的质量方针和质量目标，并描述其质量管理体系。它对质量管理体系作出了系统、具体而又具纲领性的阐述。质量手册要按照"编写要做的，做到所写的"的原则进行编写。根据标准的要求，质量手册应编写的内容有：质量手册说明、管理承诺、文件化体系要求、管理职责、资源管理、产品实现和测量、分析、改进等。

(2)程序文件。程序文件是指质量手册的支持性文件。其是实施质量管理体系要素的描述，它对所需要的各个职能部门的活动规定了所需要的方法，在质量手册和作业文件间起承上启下的作用。程序文件的内容与数量由监理单位根据管理要求自行决定。根据标准的要求，监理单位必须编制的六个基本程序文件是：文件控制、质量记录控制、不合格品控制、内部审核控制、纠正措施控制和预防措施控制。基于监理产品的特殊性，从满足监理工作需要和提高质量管理水平的角度出发，监理单位还可编制人力资源控制、检验测量控制和业主满意度监视测量控制等程序文件。

(3)作业文件。作业文件是指导监理工作开展的技术性文件，应按照国家与行业有关工程监理的法律法规、规范标准和质量手册"产品实现"章节中有关监理服务的策划与控制内容进行编制。作业文件的内容应以有关监理服务的策划与控制内容为基础，进行进一步的细化、补充和衔接。

3. 质量管理体系文件的编制程序

监理单位质量管理体系文件的编制，可按以下程序进行：

(1)制定质量方针和质量目标。

(2)成立组织机构与划分职责范围。

(3)编写程序文件与质量记录。

(4)编写作业指导书。

(5)编制质量手册。

第四节　质量管理体系的运行、认证和持续改进

一、质量管理体系的运行

保持质量管理体系的正常运行和持续实用有效，是企业质量管理的一项重要任务，是质量管理体系发挥实际效能、实现质量目标的主要手段。质量管理体系的有效运行是依靠

体系的组织机构进行组织和协调、实施质量监督、开展质量信息管理、进行质量管理体系审核与评审实现的。

1. 组织和协调

质量管理体系的运行是借助质量管理体系组织机构的组织和协调来进行的。组织和协调工作是维护质量管理体系运行的动力。质量管理体系的运行涉及企业众多部门的活动。

2. 质量监督

质量管理体系在运行过程中，各项活动及其结果均不可避免地有偏离标准的可能，为此，必须实施质量监督。质量监督可分为内部质量监督和外部质量监督两种。需方或第三方对企业进行的监督是外部质量监督。需方的监督权是在合同环境下进行的。质量监督是符合性监督，质量监督的任务是对工程实体进行连续性的监视和验证。发现偏离管理标准和技术标准的情况时及时反馈，要求企业采取纠正措施，严重者责令其停工整顿，从而促使企业的质量活动和工程实体质量均符合标准所规定的要求。实施质量监督是保证质量管理体系正常运行的手段。外部质量监督应与企业自身的质量监督考核工作相结合，杜绝重大质量问题的发生，促进企业各部门认真贯彻各项规定。

3. 质量信息管理

企业的组织机构是企业质量管理体系的骨架，而企业的质量信息系统则是质量管理体系的神经系统，是保证质量管理体系正常运行的重要系统。在质量管理体系的运行中，通过质量信息反馈系统，对异常信息的反馈和处理进行动态控制，从而使各项质量活动和工程实体质量处于受控状态。

质量信息管理和质量监督、组织和协调工作是密切联系在一起的。异常信息一般来自质量监督，异常信息的处理要依靠组织协调工作。这三者的有机结合，是使质量管理体系有效运行的保证。

4. 质量管理体系审核与评审

企业进行定期的质量管理体系审核与评审，主要包括以下三个方面：

(1)对体系要素进行审核、评价，确定其有效性。

(2)对运行中出现的问题采取纠正措施，对体系的运行进行管理，保持体系的有效性。

(3)评价质量管理体系对环境的适应性，对体系结构中不适用的部分采取改进措施。

开展质量管理体系审核与评审是保持质量管理体系持续有效运行的主要手段。

二、质量管理体系的认证

1. 质量管理体系认证的意义

质量管理体系认证由具有第三方公正地位的认证机构，依据质量管理体系的要求标准，审核企业质量管理体系要求的符合性和实施的有效性，对其进行独立、客观、科学、公正的评价，得出结论。若通过，则颁发认证证书和认证标志，但认证标志不能用于具体的产品。获得质量管理体系认证资格的企业可以再申请特定产品的认证。

近年来，随着现代工业的发展和国际贸易的进一步增长，质量管理体系认证制度得到了世界各国的普遍重视，具有十分重要的意义。

(1)可以促进企业完善质量管理体系。企业要想获取第三方认证机构的质量管理体系认证，或按典型产品认证制度实施的产品认证，都需要对其质量管理体系进行检查和完善，以保证认证的有效性，并在实施认证时，对质量管理体系检查和评定中发现的问题均需及时加以纠正。

(2)可以提高企业的信誉和市场竞争能力。企业通过了质量管理体系认证机构的认证，获取合格证书和标志并通过注册加以公布，能提高企业的信誉，增加企业的市场竞争能力。

(3)有利于保护供、需双方的利益。通过对产品质量认证，或质量管理体系认证的企业准予使用认证标志或予以注册公布，使顾客了解哪些企业的产品质量是有保证的，从而可以引导顾客防止误购不符合要求的产品，起到保护消费者利益的作用。同时，一旦发生质量争议，也可以将质量管理体系作为自我保护的措施，较好地解决质量争议。

(4)有利于国际市场的开拓，增加国际市场的竞争能力。认证制度已发展成为世界上许多国家的普遍做法，企业一旦获得国际上权威认证机构的产品质量认证，或质量管理体系注册，便会得到各国的认可，并可享受一定的优惠待遇，如免检、减免税和优价等。

2. 质量管理体系认证的内容

质量认证是第三方依据程序对产品、过程或服务符合规定的要求给予书面保证(合格证书)。质量认证包括产品质量认证和质量管理体系认证两个方面。

(1)产品质量认证。产品质量认证按认证性质不同可分为安全认证和合格认证。对于关系国计民生的重大产品，有关人身安全、健康的产品必须实施安全认证。实施安全认证的产品必须符合《中华人民共和国标准化法》中有关强制性标准的要求。凡实行合格认证的产品，必须符合《中华人民共和国标准化法》规定的国家标准或行业标准的要求。

质量认证有两种表示方法，即认证证书和认证标志。

1)认证证书(合格证书)。认证证书是由认证机构颁发给企业的一种证明文件，用以证明某项产品或服务符合特定标准或技术规范。

2)认证标志(合格标志)。认证标志是由认证机构设计并公布的一种专用标志，用以证明某项产品或服务符合特定标准或规范。经认证机构批准，使用在每台(件)合格出厂的认证产品上。认证标志是质量标志，通过标志可以向购买者传递正确可靠的质量信息，帮助购买者识别认证的产品与非认证的产品，指导购买者购买自己满意的产品。

新的国家强制性产品认证标志名称为"中国强制认证"(China Compulsory Certification)，英文缩写为"CCC"，也可简称"CCC"标志，如图 2-1 所示。

(2)质量管理体系认证。质量管理体系认证的作用比产品质量认证的作用大，并且质量管理体系认证具有以下特征：

1)质量管理体系认证的对象是某一组织的质量保证体系。

2)实行质量管理体系认证的基本依据等同采用国际通用质量保证标准的国家标准。

图 2-1　中国强制认证标志

3)鉴定某一组织的质量管理体系是否可以认证的基本方法是管理体系审核，认证机构必须是与供、需双方既无行政隶属关系，又无经济利害关系的第三方，这样才能保证审核的科学性

（3）产品质量认证和质量管理体系认证的比较。产品质量认证和质量管理体系认证的比较见表 2-2。

表 2-2　产品质量认证和质量管理体系认证的比较

项目	产品质量认证	质量管理体系认证
对象	特定产品	组织的质量管理体系
认证依据	具体的产品质量标准	组织的质量管理体系
证明方式	产品认证证书、产品认证标志	GB/T 19001(ISO9001)的标准
证书和标志的使用	证书不能用于产品，标志可用于获得认证的产品	证书和标志都不能在产品上
性质	强制认证、自愿认证两种	组织自愿

3. 质量管理体系认证的实施程序

（1）提出申请。申请单位填写申请书及附件。附件的内容是向认证机构提供关于申请认证的质量管理体系的质量保证能力情况，其主要内容包括：一份质量手册的副本；申请认证质量管理体系所覆盖的产品目录、简介；申请方的基本情况等。

认证机构收到申请方的正式申请后，将对申请方的申请文件进行审查。审查的内容包括：填报的各项内容是否正确、质量手册的内容是否覆盖了《质量管理体系　要求》（GB/T 19001—2016)标准的内容等。经审查，若符合规定的申请要求，则决定接受申请，由认证机构向申请单位发出《接受申请通知书》，并通知申请方下一步与认证机构有关的工作安排，预交认证费用；若不符合规定要求，认证机构将及时与申请单位联系，要求申请单位作必要的补充和修改，符合规定后再发出《接受申请通知书》。

（2）认证机构进行审核。认证机构对申请单位的质量管理体系的审核，是质量管理体系认证的关键环节，其基本工作程序如下：

1)文件审核。文件审核的主要对象是申请书的附件，即申请单位的质量手册及其他说明申请单位质量管理体系的材料。

2）现场审核。现场审核的主要目的是通过查证质量手册的实际执行情况，对申请单位质量管理体系运行的有效性作出评价，判定其是否真正具备满足认证标准的能力。

3）提出审核报告。现场审核工作完成后，审核组要编写审核报告，审核报告是现场检查和评价结果的证明文件，并需经审核组全体成员签字，签字后报送审核机构。

（3）审批与注册发证。认证机构对审核组提出的审核报告进行全面的审查。经审查，若批准通过认证，则认证机构予以注册并颁发注册证书；若需要改进后方可批准通过认证，则由认证机构书面通知申请单位需要纠正的问题及完成修正的期限，到期再作必要的复查和评价，证明确实达到规定的条件后，仍可批准认证并注册发证。经审查，若决定不予批准认证，则由认证机构书面通知申请单位，并说明不予通过的理由。

（4）获准认证后的监督管理。认证机构对获准认证(有效期为 3 年)的供方质量管理体系实施监督管理。这些管理工作包括供方通报、监督检查、认证注销、认证暂停、认证撤销、认证有效期的延长等。

（5）申诉。申请方、受审核方、获证方或其他方，对认证机构的各项活动持有异议时，可向其上级主管部门提出申诉或向人民法院起诉。认证机构或其认可机构应对申诉及时作出处理。

三、质量管理体系的持续改进

质量管理体系持续改进的最终目的是提高组织的有效性和效率，它包括围绕改善产品的特征及特性，提高过程的有效性和效率所开展的所有活动、方法和路径。

1. 持续改进的活动

为了促进质量管理体系有效性的持续改进，应考虑下列活动：

（1）通过质量方针和质量目标的建立，及其在相关职能和层次中的展开，营造一个激励改进的氛围和环境。

（2）通过对顾客满意程度，产品要求符合性以及过程、产品的特性等测量数据，来分析其趋势，分析和评价现状。

（3）利用审核结果进行内部质量管理体系审核，不断发现组织质量管理体系中的薄弱环节，确定改进的目标。

（4）进行管理评审，对组织质量管理体系的适宜性、充分性和有效性进行评价，作出改进产品、过程和质量管理体系的决策，寻找解决办法，以实现这些目标。

（5）采取纠正和预防的措施，避免不合格情况的再次出现或潜在不合格情况的发生。因此，组织应当建立识别和管理改进活动的过程，这些改进可能导致组织对产品或过程的更改，直至对质量管理体系进行修正或对组织进行调整。

2. 持续改进的方法

为了进行质量管理体系的持续改进，可采用"PDCA"循环，"PDCA"循环能够应用于所有过程以及整个质量管理体系，"PDCA"循环可以简要描述如下：

P——策划（Plan）：根据顾客的要求和组织的方针，建立体系的目标及其过程，确定实现结果所需的资源，并识别和应对风险和机遇。

D——实施（Do）：执行所作的策划。

C——检查（Check）：根据方针、目标、要求和所策划的活动，对过程以及形成的产品和服务进行监视和测量（适用时），并报告结果。

A——处理（Action）：必要时，采取措施以提高绩效。

3. 持续改进活动的两个基市途径

(1)渐进式的日常持续改进，要求管理者营造一种文化，使全体员工都能积极参与、识别改进机会，以对现有过程作出修改和改进，或实施新过程；它通常由日常运作之外的跨职能小组来实施；由组织内人员对现有过程进行渐进的过程改进，如 QC 小组活动等。

(2)突破性项目通常应针对现有过程的再设计来确定，具体包括以下阶段：

1)确定目标和改进项目的总体框架。

2)分析现有的"过程"并认清变更的机会。

3)确定和策划过程改进。

4)实施改进。

5)对过程的改进进行验证和确认。

6)对已完成的改进作出评价。

第五节 卓越绩效管理模式

卓越绩效管理模式反映了当今世界现代管理的理念和方法，是激励和引导组织追求卓越，成为世界级企业的有效途径。2004 年，我国发布了卓越绩效评价标准及实施指南，为了引导组织追求卓越，提高产品、服务和发展质量，增强竞争优势，促进组织持续发展，2012 年，依据《中华人民共和国产品质量法》及《质量发展纲要(2011—2012)》，又对《卓越绩效评价准则》和《卓越绩效评价准则实施指南》进行了修订，我国的质量管理进入了一个新的阶段。

这套标准借鉴了国内外卓越绩效管理的经验和做法，结合我国企业经营管理的实践，从领导，战略，顾客与市场，资源，过程管理，测量、分析与改进以及结果七个方面规定了组织卓越绩效的评价要求，为组织追求卓越提供了自我评价的准则，也可作为质量奖的评价依据。

卓越绩效
评价准则

一、卓越绩效管理模式的实质和理念

1. 卓越绩效管理模式的实质

卓越绩效管理模式的实质可以归纳为以下几项：

(1)强调"大质量"观。卓越绩效标准作为质量奖的评审标准，其中质量的内涵不仅限于产品、服务质量，而是强调"大质量"的概念，由产品、服务质量扩展到工作过程、体系的质量，进而扩展到企业的经营质量。产品、服务质量追求的是满足顾客需求，赢得顾客和市场，而经营质量追求的是企业综合绩效和持续经营的能力。虽然产品、服务质量好，并不一定等于经营质量好，但产品、服务质量是经营质量的核心和底线。卓越绩效标准对企业从领导力、战略、以顾客和市场为中心、测量分析和知识管理、以人为本、过程管理等方面提出了系统的要求，最终落实到企业的经营结果，是当今国际上公认的质量经营标准。

(2)关注竞争力提升。实施卓越绩效标准的目的，在于提升企业和国家的竞争力，因此，其特别关注企业的比较优势和市场竞争力。例如，企业在进行战略策划时，强调注重对市场和竞争对手的分析，以制定出超越竞争对手、能在市场竞争中取胜的战略目标和规划；在评价绩效水平时，不仅要与原有水平和目标比较，而且要强调与竞争对手比较、与标杆水平比较，在比较中识别自己的优势和改进空间，增强企业的竞争意识，提升企业的竞争力。

(3)提供了先进的管理方法。卓越绩效标准不仅反映了现代经营管理的先进理念和实现卓越绩效的框架，而且提供了许多可操作的管理办法，有助于提高企业管理的有效性和效率。例如：提升组织领导力的办法；基于全面分析的战略制定和展开方法；评价绩效水平和组织学习的"水平对比法"，从市场和顾客的角度评价企业产品、服务质量的"顾客满意度、顾客忠诚度测量"方法；确定企业关键绩效指标体系的方法；员工绩效管理的"平衡计分卡"；促进员工绩效提高的"员工权益和满意度测量"方法等。

(4)聚焦于结果。卓越绩效标准强调结果导向，非常关注企业经营的绩效，"结果"一项在标准满分 1 000 分中占 40%～45%。但标准中所指的"绩效"不只是利润和销售额，其中还包括产品与服务、顾客与市场、财务、资源、过程有效性和领导 6 个方面的综合绩效，充分考虑到企业的顾客、股东、员工、供应商、合作伙伴和社会等相关方的利益平衡，以保证企业的可持续发展。

(5)是一个成熟度标准。卓越绩效标准不同于 ISO9000 质量管理体系，不是一个符合性标准，而是一个成熟度标准。它不是规定了企业应达到的某一水平，而是引导企业持续改进，不断完善和趋于成熟，永无止境地追求卓越。据资料介绍，获得美国国家质量奖的企业得分在 650～750 分的水平，而我国获奖企业水平是在 600 分左右，距离满分 1 000 分还有很大的改进空间。

2. 卓越质量管理模式的理念

《卓越绩效评价准则》(GB/T 19580—2012)建立在以下基本理念的基础上，高层领导可运用这些基本理念引导组织追求卓越：

(1)远见卓识的领导。以前瞻性的视野、敏锐的洞察力，确立组织的使命、愿景和价值观，带领全体员工实现组织的发展战略和目标。

(2)战略导向。经战略统领组织的管理活动，获得持续发展和成功。

（3）顾客驱动。将顾客当前和未来的需求、期望和偏好作为改进产品和服务质量，提高管理水平及不断创新的动力，以提高顾客的满意和忠诚程度。

（4）社会责任。为组织的决策和经营活动对社会的影响承担责任，促进社会的全面协调和可持续发展。

（5）以人为本。员工是组织之本，一切管理活动应以激发和调动员工的组织性、积极性为中心，促进员工的发展，保障员工的权益，提高员工的满意程度。

（6）合作共赢。与顾客、关键的代言及其他相关方建立长期伙伴关系，互相为对方创造价值，实现共同发展。

（7）重视过程与关注结果。组织的绩效源于过程，体现于结果，因此，既要重视过程，又要关注结果，要通过有效的过程管理，实现卓越的结果。

（8）学习、改进与创新。培育学习型组织和个人是组织追求卓越的基础，传承、改进和创新是组织持续发展的关键。

（9）系统管理。将组织视为一个整体，以科学、有效的方法，实现组织经营管理的统筹规划、协调一致，提高组织管理的有效性和效率。

二、《卓越绩效评价准则》的评价内容及要求

1. 领导

高层领导的引领和推动是组织持续成功的前提，组织治理是组织持续成功的保障，而履行社会责任则是组织持续成功的必备条件。

（1）高层领导的作用。组织应从以下几个方面说明高层领导的作用：

1）确定方向。确定方向是指确定和贯彻组织的使命、愿景和价值观。使命、愿景和价值观体现了组织未来的发展方向，也是组织文化的核心，并为战略和战略目标的制定设定前提。组织的高层领导应结合其历史沿革、行业特点和内外部环境等实际情况，研讨、提炼、确立和贯彻其使命、愿景和价值观，并率先垂范。

2）双向沟通。双向沟通的目的在于使全体员工及其他相关方对组织的发展方向和重点有清晰、一致的理解、认同并付诸行动，在组织内部达成上下同心，在组织外部促进协同发展。组织可通过高层领导演讲、座谈会、网站、报刊及文化体育活动等多种形式，与员工双向沟通；通过洽谈会、研讨会、外部网站等形式与相关方双向沟通。组织应围绕其发展方向和重点，建立物质激励和精神激励相结合的绩效激励制度。

3）营造环境。营造环境是指营造一个包括诚信守法、改进、创新、快速反应和学习等要点的组织文化环境。高层领导应通过组织文化建设，积极倡导诚信守法，鼓励员工开展多种形式的改进和创新活动，提高快速反应能力，培育学习型组织和员工。

4）履行确保组织所提供产品和服务的质量安全的职责，引导组织承担质量安全主体责任。

5）制定与组织经营发展的战略目标保持一致的品牌发展规划，通过提高组织的产品质

量和服务水平，推进组织的品牌建设，不断提高组织的品牌知名度、品牌美誉度、品牌形象和品牌忠诚度。

6) 持续经营旨在实现基业长青。为推动和确保持续经营，组织应培育和增强风险意识，开展战略、财务、市场、运营、法律、安全、环境、质量等方面的风险管理，提升应对动态的内、外部环境的战略管理和运营管理能力，并重视培养组织未来的各层次领导者。

7) 绩效管理的最终目的是实现愿景和战略目标。高层领导应通过诸如战略研讨会、管理评审会、经济活动分析会和专业例会等形式，定期评价组织的关键绩效指标，确定改进和创新的重点，促进组织将追求卓越付诸行动。

(2) 组织治理。

1) 完善组织治理体制所需要考虑的关键因素。

① 明确管理层的经营责任、道德责任、法律责任等；

② 明确治理体制中各机构的财务责任，健全财务制度，规范会计行为；

③ 规定经营管理的透明性及信息披露的政策；

④ 确保内、外部审计活动独立于被审计的对象和职责范围，其包括外部审计和相关服务不能来自相同或关联的机构；

⑤ 保护股东及其他相关方的利益，特别是中、小股东的权益，以及员工、供方等的合法权益。

2) 对高层领导和治理机构成员的绩效评价。对高层领导和治理机构成员的绩效评价旨在建立激励和约束机制，并运用评价结果改进个人、领导体系和治理机构的有效性。评价方式可包括自评和上级、同事、下属评价以及相关方反馈等多视角的评价。

(3) 社会责任。

1) 提要。组织在致力于自身发展的同时，还要积极主动地履行社会责任，以更具社会责任感的组织行为增强其竞争优势，致力于成为卓越的企业公民。

2) 公共责任。公共责任是指组织对公众和社会所应承担的基本责任。

① 组织应评估产品、服务和运营对质量安全、环境保护、能源节约和资源综合利用以及公共卫生等方面的影响，并采取预防、控制和改进措施。

② 组织可采取社区调查、座谈等各种方式，主动预见公众对产品、服务和运营在上述各方面的隐忧，作出应对准备。例如，应对公众对新建基础设施的环境安全隐忧，确保配套环境安全设施同时设计、同时施工、同时交付使用；应对公众对突发事件的隐忧，制定应急预案并在可行时定期演练。

③ 组织应识别、获取上述各方面的法律法规要求，并识别和评估相应的风险，建立遵循法律法规要求和应对相关风险的关键过程及绩效指标，包括预防、控制程序和改进方案，在确保满足法律法规要求的基础上持续改进，以达到更高的水平。

3) 道德行为。道德行为是指组织在决策、行动以及与利益相关方之间的交往活动中，遵守道德准则和职业操守的表现。从高层领导到一般员工都应遵守道德规范，并影响组织的利益相关方。

①诚信是组织道德行为中的最基本准则。高层领导应率先垂范，在整个组织中倡导诚信、践行诚信。

②组织应基于其使命、愿景和价值观，制定清晰明了的道德规范并定期沟通和强化；应建立用于促进和监测组织内部，组织与顾客、供方和合作伙伴之间的关系及组织治理中符合道德规范的关键过程及绩效指标。其绩效指标包括遵守道德规范情况的调查指标、诚信等级、违背道德规范的事件数等。

4) 公益支持。公益支持是组织超出法规和道德承诺之外的社会责任，是组织在资源条件许可的条件下，提升在社会责任方面的成熟度，成为卓越企业公民的表现机会和途径。公益领域的范围很广，可包括文化、教育、卫生、慈善、社区、行业发展和环境保护等。组织应依据其使命、愿景、价值观和战略，策划、确定重点支持的公益领域，主动积极地开展公益活动，赢得公众口碑，提升社会形象。在公益支持活动中，高层领导应起模范作用，引导和带领广大员工作出自己的贡献。

2. 战略

战略制定是指组织对其未来发展的谋划、决策过程。组织应基于使命、愿景和价值观，以顾客和市场为导向，收集内外部环境的数据、信息，运用预测、估计、选择和设想及其他方法分析和预见未来，确立战略和战略目标，获得持续发展和成功。

（1）战略制定。

1) 战略过程。

①组织在确定其战略制定过程时应考虑：明确战略制定的主要步骤和工作计划，包括各步骤的职责分工、时间安排等；由高层领导主持，相关部门及员工参与，必要时可委托专业机构协助制定；可建立负责战略管理的委员会、跨职能小组以及指定归口协调部门；根据行业及产品特点，规定长、短期计划的时间区间，并通过战略制定工作计划，使之与战略制定过程协调对应。

②组织在制定战略时，应考虑：《卓越绩效评价准则》(GB/T 19580—2012)标准列出的关键因素，并收集相关数据和信息；采用科学的方法进行数据和信息的分析，例如，PEST（政治、经济、社会文化、技术）宏观环境分析、五力模型产业环境分析、SWOT（优势、劣势、机会和威胁）分析以及 KSF（关键成功因素）分析、CBI（主要障碍性因素）分析等。

2) 战略和战略目标。组织应说明其战略和战略目标，以及如何应对、考虑相关要求：

①组织的战略和战略目标应达到以下要求：

a. 战略和战略目标应与使命、愿景和价值观一致；

b. 战略可围绕以下一项、多项或全部而建立：新产品、服务和市场；通过收购、受让等各种途径获得收入增长；资产剥离；新的合作伙伴关系和联盟；新的员工关系；满足社会或公共需求。

c. 应考虑潜在市场、竞争对手、核心竞争力等方面可能发生的变化，在战略中准备相应的预案；

　　d. 战略目标是组织增强竞争力，获得或保持持久竞争优势而期望达到的绩效水平。组织应确定实现战略目标的时间表及逐年的、量化的关键指标值。

　　②组织应通过系统、周密的内、外部环境分析和战略决策，使战略和战略目标能够应对、考虑以下要求：

　　a. 应对战略挑战和发挥战略优势，反映产品、服务、运营和商业模式方面的创新机会。其中，战略挑战是组织为持续获得成功而面对的压力，包括外部的和内部的；战略优势是对组织未来成功起决定性影响的有利因素，通常源自组织的核心竞争力和战略伙伴关系，而核心竞争力指组织最擅长、独特且难以被模仿的能力；

　　b. 均衡地考虑长、短期的挑战和机遇，以及所有相关方的需要，如股东的投资收益、顾客的满意与成功、员工的发展与满意、供方的共同成长以及社会责任要求等。

　　(2)战略部署。组织应将战略和战略目标转化为实施计划及相关的关键绩效指标，并予以贯彻实施，同时，应用这些关键绩效指标监测实施计划的进展情况，预测组织未来的绩效，以保持竞争优势。本条款包括制订与部署实施计划和绩效预测两项要点。

　　1)实施计划的制定与部署。组织应制定实施计划，通过配置资源予以部署，并建立关键绩效指标系统监测其进展。

　　①组织应基于总体战略和相关业务战略，制定和部署各职能领域的战略实施计划，确定关键绩效指标，采用诸如目标管理或平衡计分卡等方法层层分解、细化，以实现战略目标；组织应适时分析、评估实际与计划的偏离，并考虑内外部环境的变化，对战略、战略目标及其实施计划进行调整并予以落实。

　　②组织的主要长、短期实施计划应包括市场营销、技术、生产运营等方面的计划，反映产品和服务、顾客和市场以及经营管理方面的关键变化。

　　③组织可通过制定包括人力、财务、信息和知识、技术、基础设施和相关方关系等资源方面的长、短期计划，获取和配置资源，以确保整体实施计划的实现。

　　④组织的关键绩效指标系统应协调一致，并对组织的协调一致性起强化作用。应确保该指标系统涵盖了所有关键的战略部署领域和相关方，如准时交付率指标应涵盖与其相关的产品、部门及供方。

　　2)绩效预测。绩效预测是指对未来的绩效或未来目标实现结果的估计，是一种关键的管理诊断和战略策划工具。其方法可包括定量和定性的预测方法，如时间序列分析、回归分析、德尔菲法等。组织应根据关键绩效指标，基于所收集的相关数据和信息，运用适宜的科学方法和工具，对长期、短期计划期内的绩效进行预测，并将所预测绩效与竞争对手或对比组织的预测绩效相比较，与主要的标杆、组织的目标及以往绩效相比较，以制定和验证自己的目标和计划。绩效预测时，可考虑计入新创办或并购企业、市场的拓展和转移、新的法律法规和标准要求以及产品、服务和技术方面的创新将导致的显著变化。

　　通过绩效的预测和对比，能够帮助组织提高绩效预测能力，以便更准确地描绘未来组织和主要竞争对手、标杆的绩效趋势，制定在竞争中领先的目标指标以及对策；更全面地评估其相对于竞争对手、标杆和自身目标的改进和变革的速率，以应对绩效差距，进行绩效改进和战略调控，确保实现所预测的绩效。

3. 顾客与市场

组织应在识别、确定顾客的需求、期望和偏好的基础上，建立顾客关系，增强顾客的满意度和忠诚度，提高市场占有率。

(1)对顾客和市场的了解。对顾客和市场的了解是顾客关系管理以及战略策划的先决条件。只有应用系统的方法，对当前及未来的顾客和市场的需求、期望及其偏好进行全面、动态的了解，才能持续地提供满足顾客需要的产品和服务，调整营销策略，建立和完善顾客关系，拓展新的市场。

1)顾客和市场的细分。组织应识别、确定其目标顾客群和细分市场，同时将潜在顾客和市场考虑在内。

①组织应根据自身的战略优势，进行市场细分和定位，确定当前及未来的产品和服务所针对的目标顾客群和细分市场。细分的视角可包括市场区域、销售渠道、顾客行业、质量与价格等。应根据组织的实际，考虑细分后顾客偏好的显著性，从关键的视角进行细分。

②组织在了解现有顾客和市场的同时，应根据其战略发展方向，关注包括竞争对手的顾客在内的潜在顾客和市场，收集竞争和市场情报，以拓展新的市场。

2)对顾客需求和期望的了解。组织应建立了解顾客和市场的方法，识别和确定顾客的需求、期望和偏好，运用所收集的信息和反馈，与时俱进，适应发展方向、业务需要及市场变化。

①组织应通过问卷调查、顾客访谈和反馈等方法，了解不同顾客群的需求、期望和偏好，以及这些需求、期望和偏好的相对重要性或优先次序，重点考虑那些影响顾客偏好和使顾客重复购买的产品和服务的特征，包括组织的产品和服务与竞争对手相区别的特征，诸如质量特性、可靠性、性价比、交付周期、顾客服务或技术支持等；应根据组织实际，考虑针对不同的顾客、顾客群和细分市场采取不同的了解方法，例如，对经销商和终端顾客采用不同的调查问卷。

②组织应收集当前和以往顾客的相关信息和反馈，包括市场推广和销售信息、顾客的满意度和忠诚度的数据、赢得和流失顾客的分析以及顾客投诉等，建立顾客档案或知识库，以用于产品和服务的设计、生产、改进、创新以及市场开发和营销，并强化顾客导向、满足顾客需要和识别创新的机会。

③组织应定期评价了解顾客需求和期望的方法，并对这些方法的适用性、有效性进行分析和改进，使之与发展方向和业务需要保持同步，并适应市场的变化。

(2)顾客关系与顾客满意度。组织应基于对顾客和市场的了解，建立、维护和加强顾客关系，测量顾客的满意度和忠诚度，并推动产品、服务和管理的改进，以留住现有顾客、获得新的顾客并开发新的商机。

1）顾客关系的建立。组织应建立顾客关系，明确与顾客接触的主要渠道，有效、快速地处理顾客投诉，并与时俱进，使之适应发展方向和业务需要。

①组织应针对不同的顾客群建立差异化的顾客关系，包括与关键顾客建立合作伙伴或战略联盟关系，以赢得顾客，提高其满意度和忠诚度，增加重复购买的频次和获得积极的推荐。

②组织应建立与顾客接触的主要渠道，如网站、展销会、登门拜访、订货会、电子商务、电话、传真等，以便于顾客查询信息、进行交易和提出投诉；确定每种渠道主要的顾客接触要求，即顾客对接触过程的要求，进而形成顾客服务的标准，并展开、落实到有关的人员和过程。

③组织应确立顾客投诉处理过程以及相关职责，建立快速反应机制，确保投诉得到有效、快速的解决，例如，向顾客承诺响应和（或）解决的时限并切实履行；应授权与顾客接触的第一位员工把问题处理好，恢复顾客因不满意而失去的对组织的信心，最大限度地减少顾客的不满和业务流失；应积累和分析投诉信息，确定共性问题、根本原因及改进的重点，用于整个组织及合作伙伴的改进。

④组织应定期评价、不断改进在顾客关系方面的方法，使之适应发展方向及业务需要。

2）顾客满意度的测量。组织应测量顾客的满意度和忠诚度，跟踪产品、服务和交易质量，并与竞争对手和标杆对比，以推动改进，并使这些方法与时俱进，适应发展方向和业务需要。

①组织应考虑针对不同的顾客群，如经销商和终端顾客，采取不同的顾客满意度和忠诚程度测量方法，获得有效的信息用于改进。顾客满意度的测量通常包括评价项目和数字化的等级量表，评价项目应涵盖顾客的关键需求，诸如质量特性、价格、可靠性、交付期、顾客服务或技术支持等。顾客忠诚度通常表现为诸如留住顾客、重复购买及获得积极推荐等方面的绩效。

②组织应通过对顾客的跟踪、回访或市场调查等途径，跟踪产品和服务质量，以便获得及时、有效的反馈信息，如产品开箱合格率和故障率等，快速识别和解决问题，并将其用于改进活动，防止问题再发生，预防未来顾客的不满意。

③组织可通过自己的调查研究或通过独立的第三方机构，获取和应用可与竞争对手和标杆相比较的顾客满意信息，以识别存在的威胁和机会，改进组织的绩效，并了解影响市场竞争力的因素，用于战略制定。

④组织应定期评价、不断改进测量顾客满意度和忠诚度的方法，使之适应发展方向及业务需要。

4. 资源

组织应为确保战略目标的实现、过程的有效和高效实施，提供必需的人力资源、财务资源、信息和知识资源、技术资源、基础设施、相关方关系等。

（1）人力资源。组织应根据其使命、愿景、价值观和战略，建立以人为本的人力资源管理体系，并根据各职能的长、短期实施计划，制定和实施长、短期的人力资源计划。人力资源计划可考虑：促进授权、创新的组织结构和职位的再设计；促进员工与管理层沟通；促进知识分享和组织学习；改进薪酬和激励机制；改进教育、培训和员工发展制度。

1)工作的组织和管理。为了应对战略挑战，组织应根据战略发展和业务变化的需要，对工作和职位进行组织、管理，确定人力资源需求并予以配置，并实现有效的沟通：

①组织应对工作和职位进行组织、管理，促进组织内部的合作，调动员工的积极性、主动性，促进组织的授权、创新，进而提高组织的执行力。可采用的方法如：采用扁平化的组织结构，减少沟通层次，以提高运作效率；采用矩阵制的组织结构，建立联合攻关小组、六西格玛小组、跨部门 QC 小组、并行工程小组等跨职能团队，促进横向沟通，以减少部门间的壁垒。

②组织应根据长、短期人力资源计划，确定员工类型和数量的需求，进行职位分析，识别所需员工的特点和技能，形成职位说明书，招聘、任用和留住员工。必要时，应对员工流失情况进行分析，并采取相应的措施。

③组织应建立诸如总经理邮箱、合理化建议、网上论坛及各类座谈会等渠道，听取和采纳员工、顾客和其他相关方的各种意见和建议；采用经验交流、交叉培训、岗位轮换及网络沟通、视频会议等方法，在不同的部门、职位和地区之间实现有效的沟通和技能共享。

2)员工绩效管理。组织应开展员工绩效管理，使员工、部门和组织整体的绩效协调一致，以提高员工和组织的绩效，实现组织的战略实施计划。可考虑运用以下方式：

①基于组织关键绩效指标的分解，对员工绩效进行定量和定性的评价和考核，并在适当的时机，采用适当形式，将评价和考核结果反馈给员工，以便采取措施改进绩效。员工绩效评价的内容可包括绩效结果和绩效因素(如员工态度、知识和技能等)。评价和考核可针对员工个人，也可针对团队进行。其中的员工不仅包括正式员工，也包括季节工、临时工。

②建立科学合理的薪酬体系和实施适宜的激励政策和措施，包括薪酬、奖惩、认可、晋升等物质和非物质的激励政策和措施。

3)员工的学习和发展。组织应通过教育与培训提高员工的意识、知识和技能，进而提高员工和组织的绩效，促进组织的战略发展和员工的职业发展。

①员工的教育与培训。组织应建立从需求识别、计划制定和实施，到效果评价和改进的教育与培训管理体系。

a. 员工教育与培训的需求可包括：

(a)为应对战略挑战，培育核心竞争力和落实长、短期实施计划的需求，通常通过人力资源计划体现；

(b)为改进员工和组织绩效而产生的知识和技能需求，可通过员工绩效评价、改进和创新计划等渠道识别；

(c)员工职业发展和兴趣爱好方面的需求，可通过员工培训和教育需求调查识别。

b. 教育与培训计划的内容可包括：教育与培训的对象、目标、方式、经费和设施等事项。组织对教育与培训的效果进行评价时，除了采用考试、问卷等方式即时评价外，还应结合员工和组织绩效的变化，评价教育与培训后学以致用的有效性，并促进教育与培训工作的改进。组织在教育与培训中，应注重以下几个方面：

（a）根据岗位和职位的不同分类分层实施，如按管理、技术、操作及工种分类，按高层、中层、基层分层；

（b）采用多种方式，如委托培养、自学、短期培训、学术研讨会、远程教育、轮岗、交叉培训等。

②员工的职业发展。组织应建立多种发展渠道，鼓励、帮助各层次员工制定和实施有针对性、具有个性化的职业发展规划，实现学习和发展目标。

组织应制定和实施适当的继任计划，包括高、中层领导岗位及关键技术岗位的继任计划，形成人才梯队，以提高组织的持续经营能力。

4）员工的权益与满意程度。组织应确保员工权益，包括保持良好的工作环境、提供福利支持、保证员工参与的权利，以提高全体员工的满意度。

①员工权益。

a. 组织应通过实施职业健康安全管理体系，针对不同的工作场所确定相应的测量指标和目标，如粉尘、噪声、有害气体、电磁辐射等，保证和不断改善员工的工作环境，并对可能发生的突发事件和危险情况做好应急准备；

b. 组织应制定有关员工服务和福利的制度，根据不同员工群体的关键需求和期望，提供相应的服务、福利等方面的支持，并遵循《劳动法》《工会法》等法律法规保障员工的合法权益；

c. 组织可采用员工调查、访谈等方法，确定影响员工参与的因素，为员工营造主动参与的环境，鼓励员工积极参与多种形式的活动，如QC小组、合理化建议等，并提供时间和资金方面的支持。

②员工满意程度。

a. 组织可采用员工问卷调查、座谈等方法，确定影响员工满意程度和积极性的关键因素，如薪酬福利、劳动保护、学习机会、职位提升机会等，以及这些因素对不同员工群体的影响；

b. 组织应通过问卷调查等方法定期调查员工满意程度，了解员工的意见和建议，并分析原因，制定改进措施，提高员工满意程度。需要时，可增加针对性调查，如针对某类员工或某些方面的调查；

c. 组织还可通过其他指标，如员工流失、缺勤、抱怨，安全及生产效率，评价和提高员工满意程度和工作积极性。

（2）财务资源。

1）组织应根据战略目标和实施计划确定资金需求，通过诸如自有资金、银行贷款、发行债券以及上市或增发股票等方法保障资金供给。

2)组织应制定严密科学的财务管理制度，推进全面预算管理，并提高预算准确率；开展成本管理，控制和降低成本；进行财务风险评估，提出并实施风险管理解决方案，确保和提高财务安全性。

3)组织可采用降低库存、减少应收账款等方法加快资金周转，采用盘活存量资产等方法提高资产利用率，以实现财务资源的最优配置，提高资金的使用效率。

（3）信息和知识资源。组织应识别和开发信息源，建立集成化的软硬件信息系统并确保其可靠性、安全性和易用性，持续适应战略发展的需要；应有效管理知识资产，同时确保数据、信息和知识的质量。

1)组织可根据战略制定和日常运营的需求，识别和开发内部信息源；通过与行业协会、顾客、供方和合作伙伴等的外部合作以及利用社会媒介等渠道，识别和开发外部信息源，特别是竞争和标杆情报信息源，从而确保获得所需的数据和信息，并通过信息系统等途径，向员工、供方和合作伙伴及顾客提供相关数据和信息，以提高包括供方、组织、顾客在内的供应链整体效率和快速反应能力。

2)组织应优选软硬件供方及其产品，建立符合行业特点及业务需求的信息系统，并通过与供方密切合作、培养软硬件维护人员、鼓励信息系统用户参与等方法，确保信息系统软硬件的可靠性、安全性和易用性。

3)组织应基于战略及其实施计划，开展信息化需求调查和分析，制定长、短期的信息化发展计划，积极、系统地推进信息化建设，逐步建立和运行满足内、外部用户要求的集成化信息系统。

4)组织应营造重视知识的学习型文化氛围，明确知识管理过程，建立知识管理的信息平台，收集和传递来自员工、顾客、供方和合作伙伴的知识，通过内部知识分享和外部标杆对比，识别最佳实践，进行确认、积累、整合、分享和推广应用，使分散的知识集成化、隐性的知识显性化，将知识转化为效益，促进知识资产的不断增值。其中，组织的内、外部知识可包括以下内容：

①组织内部的知识可包括：图纸、文件、专利、技术诀窍、攻关成果、技术革新和改造成果、QC 小组和六西格玛管理成果、合理化建议成果、专业论文等；

②组织外部的知识可包括：顾客的图纸和文件，竞争对手和标杆的最佳实践、管理经验，供方和合作伙伴的专业技术文件，与组织运营相关的法律法规等。

5)组织应建立确保数据、信息和知识的准确性、完整性、可靠性、及时性、安全性和保密性等质量属性的方法、监测指标并持续改进，以不断提高数据、信息和知识的质量。

（4）技术资源。组织应基于技术评估制定战略，开展技术创新，形成技术方面的核心竞争力，并制定和落实长、短期技术发展计划。

1)结合战略制定流程，收集内、外部技术信息，及时了解并预测行业技术发展状况，对组织的技术现状进行评估，并与同行对比分析，为制定战略提供依据，并识别增强组织核心竞争力的机会。

2）基于其战略定位，确定与之相适应的技术定位，并瞄准国际先进技术和标准，将"原始创新、集成创新与引进消化吸收再创新"相结合，开展自主技术创新，提高组织的技术创新能力。

3）注重知识积累，形成设计、操作和服务等方面的技术诀窍以及各类专利，并推广应用，逐步形成组织在技术方面的核心竞争力。

4）基于其技术定位，制定长、短期技术发展计划，明确技术开发和改造的目标和计划，进行技术经济论证和可行性分析，落实增强技术先进性、实用性所采取的措施。

（5）基础设施。组织应根据其战略实施、日常运营的要求以及相关方需求和期望，确定和提供所必需的基础设施，其包括以下几个方面：

1）根据战略实施计划和过程管理的要求，提供满足产能、质量、成本、安全、环保等各方面要求的基础设施。

2）建立故障性和预防性维护保养制度。根据企业的行业特点和自身条件，处理好专业维护保养和操作者维护保养之间的关系，制定科学合理的测量指标，保证基础设施的状态完好。

3）根据战略目标和长、短期实施计划以及日常过程管理的要求，制定和实施更新改造计划，不断提高基础设施的技术水平。

4）根据基础设施的关键失效模式，制定预案，防止基础设施的失效所带来的环境、职业健康安全和资源利用方面的问题。

（6）相关方关系。相关方关系是组织的重要资源，组织应致力于与顾客、股东、员工、社会、供方和合作伙伴建立共赢的关系，以支持组织的使命、愿景、价值观和战略。组织应特别关注与供方和合作伙伴的关系，根据对组织成功的影响程度确定关键供方和合作伙伴，基于平等互利、共同发展的原则，推动和促进双向沟通和知识分享，提供诸如技术、管理、人员和资金等方面的支持，建立长期合作伙伴关系或战略联盟等，共同提高过程的有效性和效率，以达到双赢的目的。

5. 过程管理

过程管理的目的是确保组织战略及其实施计划的落实。

（1）过程的识别与设计。

1）过程的识别。

①组织应采用过程方法，梳理、确定主要产品、服务及经营全过程。

②组织应明确当前的和应持续增强的核心竞争力，在识别全过程的基础上，考虑其与核心竞争力的关联程度，定量或定性地分析这些过程对组织营利能力和取得成功的贡献，确定组织的关键过程。适当时，对不能体现核心竞争力的过程进行调整，如可考虑将其外包。

2）过程要求的确定。

①对关键过程的要求来自顾客和其他相关方，包括内部顾客。组织应确定过程的相关方，识别这些相关方对过程的要求，当要求较多时从中确定出关键要求。必要时，还应关

注不同的顾客或其他相关方群体对过程的不同要求。

②对关键过程的要求可包括质量、生产率、成本、周期、准时率、环境及安全要求等，应清晰、具体和可测量。

3)过程的设计。组织应根据所确定的过程要求，进行过程设计，包括应对突发事件的应急响应系统的建立。

①在过程设计中，组织应做到以下几个方面：

a. 有效利用新技术和组织的知识，如新工艺、新材料、新设备、新方法和信息技术，组织积累的技术诀窍、管理经验等。

b. 考虑未来可能的变化，具有前瞻性地提出预案或预留接口，使过程具有适应内、外部环境和因素变化的敏捷性，即当顾客要求和市场变化时能够快速反应。如当一种产品转向另一种产品时，产品实现过程能够快速地适应这种变化。

c. 综合考虑质量、安全、周期、生产率、节能降耗、环境保护、成本和其他有效性和效率的因素，将对关键过程的要求转化为关键绩效指标，这些指标应是可测量并量化的。过程设计的输出一般包括流程图、程序或作业指导书及关键绩效指标。

当过程试运行达不到要求和（或）过程要求发生变化时，应进行过程评价和改进，需要时应进行过程的重新设计。

②在应急响应系统的建立中，组织应做到以下几个方面：

a. 根据行业实际，识别和评估可能对安全、健康、环境和运营（包括信息系统）造成显著影响的潜在突发事件（如火灾、爆炸、洪水、地震、台风及流行性传染病等），建立相关应急预案和在可行时定期演练的计划，以确保当突发事件发生时，能够启动应急预案，规避风险、减少危害。

b. 系统地考虑灾前预防准备，灾中应急响应、评估和处置管理，以及灾后恢复；在确保环境安全、健康的前提下，确保运营的连续性，以尽快恢复运营。

(2)过程的实施与改进。

1)过程的实施。组织在关键过程的实施中通常考虑以下要点：

①根据过程设计的要求，利用资源，控制过程，确保过程的有效性和效率，实现过程要求；

②将关键绩效指标用于监测和控制关键过程，可在过程中监测，也可通过顾客和其他相关方的反馈来监测；

③针对关键绩效指标及过程因素（人、机、料、法、环、测），运用适当的统计技术，如统计过程控制、测量系统分析等，控制和管理关键过程，使之稳定受控并具备足够的过程能力；

④利用来自顾客、供方和其他相关方的信息，及时对过程进行调整，并应用质量成本管理、价值工程等方法，优化关键过程的整体成本。

2)过程的改进。组织可通过分析关键过程的关键绩效指标的水平、趋势，并与适宜的竞争对手和标杆对比，以评价过程实施的有效性和效率，推动过程的改进和创新，使关键过程与发展方向和业务需要保持一致：

①为了得到更好的过程绩效，减少波动与非增值活动，组织可应用合理化建议和技术革新、QC小组、六西格玛、精益生产、业务流程再造以及其他方法；

②应将过程改进的成果和经验教训列入组织的知识资产，在各部门和过程中分享，适当时，可与顾客、供方和合作伙伴分享，以及在行业内或跨行业分享。

组织可运用"方法—展开—学习—整合"（Approach—Deployment—Learning—Integration，A—D—L—I）对过程进行评价。

6. 测量、分析与改进

组织应测量、分析、评价组织绩效，支持组织的战略制定和部署，促进组织战略和运营管理的协调一致，推动改进和创新，提升组织的核心竞争力。

（1）测量、分析和评价。组织应建立一个关键绩效指标体系测量、分析和评价系统，涵盖各层次以及所有部门、过程，监测战略实施和组织运作，并推动改进和创新。

1）绩效测量。组织应建立绩效测量系统，进行绩效对比，并使测量系统随内、外部环境变化动态调整。

①明确所选择的关键绩效指标，确定负责部门、数据和信息来源、收集和整理及计算的方法、测量周期等，以客观、准确地监测组织的运作及组织的整体绩效，为战略制定和日常决策、改进和创新提供支持。

②针对关键绩效指标及关键活动，识别、收集和有效应用关键的绩效对比数据（包括内部对比、竞争对比和标杆对比数据）以及相关信息（如组织内部、行业内或行业外标杆的最佳实践），开展内部对比、竞争对比和标杆对比活动，为战略制定和日常决策、改进和创新提供支持。

③对绩效指标、指标值、测量方法等进行适时评价，使测量系统的各要素能够随着内、外部环境的快速变化和战略的调整，进行动态的、灵敏的调整，以保持协调一致。

2）绩效分析和评价。组织应在绩效测量的基础上开展绩效分析、评价和决策，其包括以下几项：

①在战略制定过程和战略部署、日常运作过程中，都需要开展绩效分析，包括趋势分析、对比分析、因果分析和相关分析等，以找出绩效数据和信息的内在规律和彼此之间的关系，支持绩效评价，帮助确定根本原因和资源使用的重点。

②组织的绩效评价应由高层领导主持，不仅要评价自身长、短期目标和计划的达成情况，而且还要考虑在竞争性环境下的绩效对比，并评价组织应对内、外部环境变化和挑战的快速反应能力。绩效评价的输入可包括：绩效数据和信息的测量、分析结果，管理体系审核、卓越绩效评价的结果，战略实施计划、改进和创新举措的实施状况，内、外部环境的变化等。

③组织应综合考虑所存在问题的影响、紧急程度以及绩效趋势与对比等因素，识别改进的优先次序和创新机会，将评价结果转化为具体的改进和创新举措，使有限的资源配置

到最需要改进和创新的地方。当改进和创新举措涉及外部时，还需要将其展开至供方和合作伙伴。

（2）改进与创新。改进与创新是组织追求卓越、实现持续发展的动力。

1）改进与创新的管理。改进与创新的管理包括对改进和创新进行策划，实施、测量改进与创新活动，评价改进与创新的成果。其具体内容包括以下几项：

①组织应结合战略及其实施计划，根据内、外部顾客和其他相关方的要求，基于关键绩效指标的层层分解，制定组织各层次和所有部门、过程的改进与创新计划和目标，使改进活动与组织整体目标保持一致。创新的形式可包括：原始创新（指前所未有的重大科学发现、技术发明、原理性主导技术等）、集成创新（指通过对各种现有技术的有效集成，形成有市场竞争力的新产品或管理方法）和引进消化吸收再创新（指在引进国内外先进技术的基础上，学习、分析、借鉴，进行再创新，形成具有自主知识产权的新技术）。

②组织在实施、测量改进与创新活动时，应做到组织到位、职责落实、制度完善、方法多样，并采用适当的方式进行跟踪管理；组织应对改进成果进行科学、全面的评价，分析其对营利能力和实现组织战略目标的贡献，建立符合组织自身特点的激励政策，并分享、推广改进的成果，使改进活动步入良性循环。

2）改进与创新方法的应用。组织应运用科学的改进与创新方法，确保改进与创新的成果和效率：

①组织在生存和发展过程中会遇到多种多样的问题，为了解决发生在不同层次、影响程度和难度各异的问题，应由各层次员工参与，有针对性地应用适宜的方法，进行改进和创新，如员工合理化建议和 QC 小组活动，开展六西格玛管理、业务流程再造等。

②组织应正确理解统计技术和其他工具的适用范围和条件，并有效应用。统计技术和其他工具可包括 QC 新老七种工具、失效模式与影响分析、假设检验、方差分析、回归分析、试验设计等。

7. 结果

卓越绩效模式要求组织的绩效评价应体现结果向导，关注关键的结构，主要包括产品和服务、顾客与市场、财务、资源、过程有效性和领导六个方面。这些结果能为组织关键的利益相关方——顾客、员工、股东、供应商、合作伙伴、公众及社会创造价值和平衡其相互间的利益，并为评价和改进产品、服务和经营质量提供信息。通过为主要的利益相关方创造价值，培育忠诚的顾客，实现组织绩效的增长。

本章小结

质量管理体系是组织内部建立的，为实现质量目标所必需的、系统的质量管理模式，是组织的一项战略决策。针对质量管理体系的要求，质量管理体系国际标准化组织（ISO）质量管理和质量保证技术委员会制定了 ISO9000 族系列标准，以适用于不同类型、产品、规模与性质的组织。企业质量管理的一项重要任务就是建立和实施质量管理体系，包括质量管理体系的策划、文件编制、运行、认证和持续改进。其中，质量管理体系策划是建立和实施质量管理体系的前期工作，其目的是提高企业管理水平、提高监理服务质量、增强企业信誉度和提高市场竞争能力；质量管理体系文件是描述一个企业质量体系结构、职责和工作程序的一整套文件，其包括：ISO9000 族标准所要求的程序文件和组织为确保其过程有效运行和得到控制所要求的文件；质量管理体系的有效运行是依靠体系的组织机构进行组织协调、实施质量监督、开展质量信息管理、进行质量管理体系审核与评审实现的；质量认证是第三方依据程序对产品、过程或服务符合规定的要求给予书面保证（合格证书）。质量认证包括产品质量认证和质量管理体系认证两方面；质量管理体系持续改进的最终目的是提高组织的有效性和效率，它包括围绕改善产品的特征及特性，提高过程的有效性和效率所开展的所有活动、方法和路径。

思考与练习

一、填空题

1. 质量管理体系的建立与落实涉及_____、_____和_____。

2. 质量管理体系建立和实施的目的是_____。

3. _____是描述一个企业质量体系结构、职责和工作程序的一整套文件。

4. 质量管理体系文件由_____、_____和_____构成。

5. 质量管理体系的_____是借助质量管理体系组织机构的组织和协调来进行的。

6. _____的任务是对工程实体进行连续性的监视和验证。

7. _____、_____和_____的有机结合，是使质量管理体系有效运行的保证。

8. 质量认证包括_____和_____两方面。

9. 质量认证有两种表示方法，即_____和_____。

10. 为了进行质量管理体系的持续改进，可采用_____的模式方法。

二、选择题

1.（　　）是由组织的最高管理者正式发布的该组织总的质量宗旨和方向。

　　A. 质量方针　　　　　　　　　　　　B. 质量目标

　　C. 质量标准　　　　　　　　　　　　D. 科学的质量管理模式

2.（　　）是监理单位内部质量管理的纲领性文件和行动准则。

　　A. 质量方针　　　B. 质量目标　　　C. 质量标准　　　D. 质量手册

3. 质量管理体系（　　）的最终目的是提高组织的有效性和效率。

A. 建立   B. 运行   C. 实施   D. 持续改进

4. 对高层领导和治理机构成员的绩效评价方式不包括(　　)。

    A. 自评   B. 上级、同事、下属评价

    C. 相关方反馈   D. 考试

5. 下列关于组织的战略和战略目标的描述，错误的是(　　)。

    A. 战略和战略目标应与使命、愿景和价值观一致

    B. 战略可围绕以下一项、多项或全部而建立：新产品、服务和市场；通过收购、受让等各种途径获得收入增长；资产剥离；新的合作伙伴关系和联盟；新的员工关系；满足社会或公共需求

    C. 应忽略潜在市场、竞争对手、核心竞争力等方面可能发生的变化

    D. 战略目标是组织增强竞争力，获得或保持持久竞争优势而期望达到的绩效水平

三、问答题

1. 如何理解质量管理体系的系统性？

2. 质量管理体系策划应考虑哪些因素？

3. 质量手册的编写内容有哪些？

4. 简述质量管理体系文件的编制程序。

5. 质量管理体系的审核与评审包括哪些内容？

6. 质量管理体系认证具有哪些特征？

7. 简述认证机构对申请单位的质量管理体系的审核程序。

8. 完善组织治理体制需要考虑哪些因素？

第三章　工程勘察设计阶段质量控制

了解工程勘察设计的资质等级，熟悉工程勘察设计的工作内容及阶段的划分，掌握工程勘察设计不同阶段的质量控制要点。

通过本章内容的学习，能够进行工程勘察阶段、设计方案编制阶段、初步设计阶段和施工图设计阶段的质量控制。

第一节　工程勘察阶段质量控制

一、工程勘察资质等级

工程勘察资质范围包括建设工程项目的岩土工程、水文地质勘察和工程测量等专业。其中，岩土工程是指岩土的勘察、设计、测试、监测、检测、咨询、监理、治理等项目。

(1)资质等级的设立。综合类包括工程勘察所有专业，其资质只甲级；专业类是指岩土工程、水文地质勘察、工程测量等专业中的某一项，其中，岩土工程专业类可以是五项中的一项或全部，其资质原则上设甲、乙两个级别，确有必要设丙级的地区，经住房和城乡建设部批准后方可设置；劳务类是指岩土治理、工程钻探、凿井等，劳务类资质不分等级。

工程勘察
资质标准

(2)承担业务的范围和地区如下：

1)综合类承担业务范围和地区不受限制；

2)专业类甲级承担本专业业务范围，其业务地区不受限制；

3)专业类乙级可承担本专业中、小型工程项目，其业务地区不受限制；

4)专业类丙级可承担本专业小型工程项目，其业务限定在省、自治区、直辖市所管辖行政区范围内；

5)劳务类只能承担业务范围内的劳务工作，其工作地区不受限制。

二、工程勘察阶段的划分及工作要求

工程勘察的主要任务是按勘察阶段的要求，正确反映工程地质条件，提出岩土工程评价，为设计、施工提供依据。工程勘察工作一般分为三个阶段，即可行性研究勘察、初步勘察和详细勘察。对工程地质条件复杂，或有特殊施工要求的重要工程，应进行施工勘察。建设工程各勘察阶段工作的具体要求如下：

(1)可行性研究勘察，又称选址勘察，其目的是通过收集、分析已有资料，进行现场踏勘。必要时，进行工程地质测绘和少量勘探工作，对拟选场址的稳定性和适宜性作出岩土工程评价，进行技术经济论证和方案比较，满足确定场地方案的要求。

(2)初步勘察，即在可行性研究勘察的基础上，对场地内建筑地段的稳定性作出岩土工程评价，并为确定建筑总平面布置、主要建筑物地基基础方案及对不良地质现象的防治工作方案进行论证，满足初步设计或扩大初步设计的要求。

(3)详细勘察，应对地基基础处理与加固、不良地质现象的防治工程进行岩土工程计算与评价，以满足施工图设计的要求。

对于施工勘察，不仅是在施工阶段对与施工有关的工程地质问题进行勘察，提出相应的工程地质资料以制定施工方案，而且工程竣工后一些必要的勘察工作(如检验地基加固效果等)也属于施工勘察的内容。

三、工程勘察阶段监理工作的内容、程序和主要方法

1. 工作的内容

工程勘察阶段监理工作的内容如下：

(1)建立项目监理机构。

(2)编制勘察阶段监理规划。

(3)收集资料，编写勘察任务书(勘察大纲)或勘察招标文件，确定技术要求和质量标准。

(4)组织考察勘察单位，协助建设单位组织委托竞选、招标或直接委托，进行商务谈判，签订委托勘察合同。

(5)审核满足相应设计阶段要求的相应勘察阶段的勘察实施方案(勘察纲要)，提出审核意见。

(6)定期检查勘察工作的实施，控制其按勘察实施方案的程序和深度进行，并按合同约定的期限完成。

(7)按规范有关文件的要求检查勘察报告的内容和成果，进行验收，提出书面验收报告。

(8)组织勘察成果技术交底。

(9)写出勘察阶段监理工作总结报告。

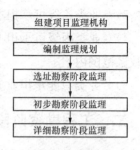

图3-1 工程勘察阶段监理工作的程序

2. 工作的程序

工程勘察阶段监理工作的程序如图3-1所示。

3. 工作的主要方法

工程勘察阶段监理工作的主要方法如下：

(1)编写勘察任务书、竞选文件或招标文件前，要广泛收集各种有关文件和资料，如计划任务书、规划许可证、设计单位的要求、相邻建筑地质资料等。在进行分析整理的基础上，提出与工程相适应的技术要求和质量标准。

(2)审核勘察单位的勘察实施方案，重点审核其可行性、精确性。

(3)在勘察实施的过程中，应设置报验点，必要时，应进行旁站监理。

(4)对勘察单位提出的勘察成果，包括地形地物测量图、勘测标志、地质勘察报告等进行核查，重点检查其是否符合委托合同及有关技术规范标准的要求，验证其真实性、准确性。

(5)必要时，应组织专家对勘察成果进行评审。

四、工程勘察阶段质量控制要点

由于工程勘察工作是一项技术性、专业性很强的工作，因此，监理工程师在熟练掌握专业知识和相关法律、法规、规范的同时，还应详细了解其工作特点和操作方式。按照质量控制的基本原理，对工程勘察工作的人、机、料、法、环五大质量影响因素进行检查和过程控制，以保证工程勘察工作符合整个工程建设的质量要求。

1. 协助建设单位选定勘察单位

凡是在国家建设工程设计资质分级标准规定范围内的建设工程项目，建设单位均应委托具有相应资质等级的工程勘察单位承担勘察业务工作，委托可采用竞选委托、直接委托或招标三种方式，其中，竞选委托可以采取公开竞选或邀请竞选的形式，招标也可采用公开招标和邀请招标的形式，但应规定强制招标或竞选的范围。

建设单位原则上应将整个建设工程项目的勘察业务委托给一个勘察单位，也可以根据勘察业务的专业特点和技术要求分别委托几个勘察单位。在选择勘察单位时，监理工程师除重点对其资质进行检查外，还要检查勘察单位的技术管理制度和质量管理程序，考察勘察单位的专职技术骨干素质、业绩及服务意识。

2. 勘察工作方案审查和控制

工程勘察单位在实施勘察工作之前，应结合各勘察阶段的工作内容和深度要求，按照有关规范、规程的规定，结合工程的特点编制勘察工作方案(勘察纲要)。勘察工作方案要体现规划、设计意图，如实反映现场的地形和地质概况，满足任务书的深度和合同工期的要求，工程勘察等级明确、勘察方案合理，人员、机具配备满足需要，项目技术管理制度健全，各项工作质量责任明确。勘察工作方案应由项目负责人主持编写，由勘察单位技术负责人审批、签字并加盖公章。

监理工程师应按上述编制要求对勘察工作方案进行认真审查。勘察工作方案除应满足上述要求外，根据不同的勘察阶段及工作性质，还应提出不同的审查要点，如对初步勘察阶段，要按工程勘察等级确认勘探点、线、网布置的合理性，控制勘探孔的位置、数量、孔深、取样数量是否满足规范要求等。

3. 勘察现场作业的质量控制

监理工程师勘察现场作业质量控制要点如下：

(1)现场作业人员应进行专业培训，重要岗位要实施持证上岗制度，并严格按"勘察工作方案"及有关"操作规程"的要求开展现场工作并留下印证记录。

(2)原始资料取得的方法、手段及使用的仪器设备应当正确、合理，勘察仪器、设备、实验室应有明确的管理程序，现场钻探、取样所用的机具应通过质量认证。

(3)原始记录表格应按要求认真填写，经有关作业人员检查，并签字。

(4)项目负责人应始终在作业现场指导、督促检查，并对各项作业资料检查验收签字。

4. 勘察文件的质量控制

(1)工程勘察成果检查。应重点检查工程勘察成果是否满足以下条件：

1)工程勘察资料、图表、报告等文件要依据工程类别，按有关规定执行各级审核、审批程序，并由负责人签字。

2)工程勘察成果应齐全、可靠，满足国家有关法规及技术标准、合同规定的要求。

3)工程勘察成果必须严格按照质量管理有关程序进行检查和验收，质量合格方能使用。对工程勘察成果的检查验收和质量评定，应当执行国家、行业和地方有关工程勘察成果检查验收评定的规定。

(2)工程勘察报告审查。工程勘察报告中，不仅要提出勘察场地的工程地质条件和存在的地质问题，更重要的是结合工程设计、施工条件以及地基处理、开挖、支护、降水等工程的具体要求，进行技术论证和评价，提出岩土工程问题及解决问题的决策性具体建议，并提出基础、边坡等工程的设计准则和岩土工程施工的指导性意见，为设计、施工提供依据，服务于工程建设的全过程。

5. 后期服务质量保证

勘察文件交付后，监理工程师应根据工程建设的进展情况，督促勘察单位做好施工阶段的勘察配合及验收工作，对施工过程中出现的地质问题要进行跟踪服务，做好监测、回访。特别要及时参加验槽、基础工程验收和工程竣工验收及与地基基础有关的工程事故处理工作，保证整个工程建设的总体目标得以实现。

6. 勘察技术档案管理

工程项目完成后，监理工程师应检查勘察单位技术档案管理情况，要求将全部资料，特别是质量审查、监督主要依据的原始资料，分类编目，归档保存。

第二节　工程设计阶段质量控制

建设工程设计是指根据建设单位的要求，对建设工程所需的技术、经济、资源、环境等条件进行综合分析、论证，编制建设工程设计文件的活动。其一般可分为方案设计、初步设计和施工图设计三个阶段。

一、工程设计资质等级

(1)资质等级的设立。工程设计综合资质只设甲级；工程设计行业资质和工程设计专业资质设甲、乙两个级别；根据行业需要，建筑、市政公用、水利、电力(限送变电)、农林和公路行业可设立工程设计丙级资质，建筑工程设计专业资质设丁级；建筑行业根据需要设立建筑工程设计事务所资质；工程设计专项资质可根据行业需要设置等级。

(2)承担任务的范围和地区。取得工程设计综合资质的企业，可以承接各行业、各等级的建设工程设计业务；取得工程设计行业资质的企业，可以承接相应行业相应等级的工程设计业务及本行业范围内同级别的相应专业、专项(设计施工一体化资质除外)工程设计业务；取得工程设计专业资质的企业，可以承接本专业相应等级的专业工程设计业务及同级别的相应专项工程设计业务(设计施工一体化资质除外)；取得工程设计专项资质的企业，可以承接本专项相应等级的专项工程设计业务。

二、工程设计阶段质量控制的任务、原则和方法

1. 工程设计阶段质量控制的任务

工程设计阶段质量控制的主要任务如下：

(1)审查设计基础资料的正确性和完整性。

(2)协助建设单位编制设计招标文件或方案竞赛文件，组织设计招标或方案竞赛。

(3)审查设计方案的先进性和合理性，确定最佳设计方案。

(4)督促设计单位完善质量体系，建立内部专业交底及会签制度。

(5)进行设计质量跟踪检查，控制设计图纸的质量。

(6)组织施工图会审。

(7)评定、验收设计文件。

2. 工程设计阶段质量控制的原则

设计阶段质量控制的原则如下：

(1)建设工程设计应当与社会、经济发展水平相适应，做到经济效益、社会效益和环境效益相统一。

（2）建设工程设计应当按工程建设的基本程序，坚持"先勘察、再设计、后施工"的原则。

（3）建设工程设计应力求做到适用、安全、美观、经济。

（4）建设工程设计应符合设计标准、规范的有关规定，计算要准确，文字说明要清楚，图纸要清晰、准确，避免出现"错、漏、碰、缺"问题。

3. 工程设计阶段质量控制的方法

设计阶段质量控制的主要方法是在设计过程中和阶段设计完成时，以设计招标文件（含设计任务书、地质勘察报告等），设计合同，监理合同，政府有关批文，各项技术规范和规定，气象、地区等自然条件及相关资料、文件为依据，对设计文件进行深入细致的审核。审核内容主要包括：图纸的规范性，建筑造型与立面设计，平面设计，空间设计，装修设计，结构设计，工艺流程设计，设备设计，水、电自控设计，城市规划、环境、消防、卫生等部门的要求满足情况，专业设计的协调一致情况，施工可行性等方面。在审查过程中，特别要注意过分设计和不足设计两种极端情况。过分设计，会导致经济性差；不足设计，则存在隐患或功能降低。

工程设计工作的展开和深化，有其内在的规律和程序。因此，监理单位也应围绕各设计阶段的工作重心，进行设计质量控制，其主要环节参见表 3-1。

表 3-1　设计质量控制的主要环节

序号	工作阶段	监理控制工作的主要内容	要求及说明
1	设计准备阶段	根据项目建设要求，拟定规划设计大纲	规划设计大纲应体现业主的建设意图，并根据可行性报告或项目评估报告来编写，其深度应满足方案竞选、设计招标的要求
2		组织方案竞选或设计招标，择优选定设计单位	根据工程的性质特点、规模和重要性，可组织公开招标或邀请招标；组织有关专家及主管部门业务人员参加的评审组，对参加竞选或投标的方案进行评选，并据此择优选定设计单位
3		拟定《设计纲要》及《设计合同》	拟定《设计纲要》（略）。设计合同包括设计总合同及单独委托的专业设计合同，设计合同可以一次签订，也可以分设计阶段签订
4		落实有关外部条件，提供设计所需的基础资料	主要是有关供水、供电、供气、供热、通信、运输等方面的资料
5	设计阶段	配合设计单位开展技术经济分析，搞好设计方案的比选，优化设计	略
6		配合设计进度，组织设计与外部有关部门间的协调工作	外部有关部门如消防、人防、环保、地震、防洪，以及供水、供电、供气、供热、通信等部门，根据当地建设环境，参与项目所在地区公共设计统一建设协调工作
7		各设计单位之间的协调工作	指由业主直接委托的各设计单位之间的协调配合工作
8		参与主要设备、材料的选型	根据满足功能要求、经济合理的原则，向各设计专业提供有关主要设备，材料的型号、厂家、价格的信息，并参与选型工作
9		检查和控制设计进度	对设计进度的检查和控制，也是对设计合同履行情况进行监督的一项重要内容

序号	工作阶段	监理控制工作的主要内容	要求及说明
10		组织对设计的评审或咨询	略
11	设计成果验收阶段	审核工程估算、概算	根据项目功能及质量要求，审核估算、概算所含费用及其计算方法的合理性
12		审核主要设备及材料清单	根据所掌握的设备、材料的有关信息，对设计采用的设备、材料提出反馈意见
13		施工图纸审核	除技术质量方面的要求外，其深度应满足施工条件的要求，并应特别注意各专业图纸之间的"错、漏、碰、缺"
14	施工阶段	处理设计变更	包括设备、材料的变更
15		参与现场质量控制工作	参与工程重点部位及主要设备安装的质量监督等
16		主持处理工程质量问题、参与处理工程质量事故	包括进行危害性分析，提出处理的技术措施，或对处理措施组织技术鉴定等
17		参与工程验收	包括重要隐蔽工程、单位工程、单项工程的中间验收，整理工程技术档案等

编制设计纲要是确保设计质量的重要环节，因为设计纲要是确定工程项目质量目标、水平，反映业主的建设意图，编制设计文件的主要依据，是决定工程项目成败的关键。所以，编制和审核设计纲要时，应对可行性报告和设计任务书进行充分的研究、分析，保证设计纲要的内容建立在物质资源和外部建设条件可靠的基础上。现以非工业交通项目建筑工程为例，列出《设计纲要》的主要内容。《设计纲要》作为签订《设计合同》的重要组成文件，是进行工程设计和审核设计的主要依据。

三、设计方案的质量控制

(一)设计方案征集的质量控制

项目设计方案征集的方法主要有两种：一种是组织设计方案招标；另一种是组织设计方案竞选。前者又可分为公开招标和邀请招标两种方式；后者则可分为公开竞选和邀请竞选两种方式。

1. 设计方案招标

组织设计方案招标是用竞争机制优选设计方案和设计单位。若采用公开招标方式，则招标人应当按国家规定发布招标公告；若采用邀请招标方式，则招标人应当向三个以上设计单位发出招标邀请书。

根据《建筑工程设计招标投标管理办法》，凡符合《工程建设项目招标范围和规模标准规定》的各类房屋建筑工程，除采用特定专利技术、专有技术，或者对建筑艺术造型有特殊要求且经有关部门批准外，均须按规定采用设计招标确定设计方案和设计单位。对其余工程，有条件的鼓励采用招标方式。

（1）招标人应具备的条件。

1）有与招标项目工程规模及复杂程度相适应的工程技术、工程造价、财务和工程管理人员，具备组织编写招标文件的能力。

2）有组织评标的能力。招标人不具备前款规定条件的，应当委托具有相应资质的招标代理机构进行招标。

（2）招标文件的内容。

1）工程名称、地址、占地面积、建筑面积等。

2）已批准的项目建议书或者可行性研究报告。

3）工程经济技术要求。

4）城市规划管理部门确定的规划控制条件和用地红线图。

5）可供参考的工程地质、水文地质、工程测量等建设场地勘察成果报告。

6）供水、供电、供气、供热、环保、市政道路等方面的基础资料。

7）招标文件答疑、踏勘现场的时间和地点。

8）投标文件编制要求及评标原则。

9）投标文件送达的截止时间。

10）拟签订合同的主要条款。

11）未中标方案的补偿办法。

（3）招标的基本程序。监理单位组织或协助建设单位或协助其委托的招标代理机构等中介机构组织，按确定的招标方式进行招标，其程序一般为：编制招标文件，拟定招标邀请函或招标广告，选择邀请投标单位或审查投标申请书和投标单位资格，组织投标单位踏勘现场，并解答对招标文件提出的问题，审查投标标书，组织开标、评标和定标，印发中标通知书，与中标单位洽商设计合同。

投标人应当具有与招标项目相适应的工程设计资质。国外设计单位参加国内建筑工程设计投标的，应当经省、自治区、直辖市人民政府住房城乡建设主管部门批准。投标人应当按照招标文件、建筑方案设计文件编制深度的要求编制投标文件；进行概念设计招标的，应当按照招标文件的要求编制投标文件。投标文件应当由具有相应资格的注册建筑师签章，并加盖单位公章。

2. 设计方案竞选

设计方案竞选主要是指初步设计以前工程项目的总体规划设计方案，个体建筑物、构筑物的设计方案竞选。

（1）实行设计方案竞选的范围。

1）按住房和城乡建设部建设项目分类标准规定的特级、一级的建筑项目。

2）按国家或地方政府规定的重要地区或重要风景区的主体建筑项目。

3）建筑面积在 10 万平方米以上（含 10 万平方米）的住宅小区。

4）当地建设主管部门划定范围内的建设项目。

5)建设单位要求进行竞选的建设项目。

有保密或特殊要求的项目，由业主提出申请，按项目隶属关系，经行业或地方主管部门批准，可以不进行方案设计竞选，但应经多方案比选来确定方案。

（2）组织及实施设计方案竞选的条件。

1)组织设计方案竞选的条件。

①是法人或依法成立的董事会机构。

②有相应的工程技术、经济管理人员。

③有组织编制方案竞选文件的能力。

④有组织方案设计竞选、评定的能力。

2)实施设计方案竞选的条件。

①具有经过审批机关批复的项目建议书或可行性研究报告。

②具有规划管理部门确定的项目建设地点、规划控制条件、设计要点和用地红线图。

③有符合要求的地形图，建设场地的工程地质、水文地质初步勘察资料，具有参考价值的场地附近工程地质、水文地质详细勘察资料，水、电、燃气、供热、环保、通信、市政道路和交通等方面的基础资料。

④有设计要求说明书。

（3）设计方案竞选文件的内容。设计方案竞选活动组织单位应编制竞选文件，其应包括以下内容：

1)工程综合说明，包括工程名称、地址、竞选项目、占地范围、建筑面积、竞选方式等。

2)经批准的项目建议书或可行性研究报告及其他文件的复印件。

3)项目说明书。

4)合同的主要条件和要求。

5)提供设计基础资料的内容、方式和期限。

6)踏勘现场、竞选文件答疑的时间及地点。

7)截止日期和评定时间。

8)文件编制要求及评定原则。

9)未中选方案的补偿办法。

10)其他需要说明的事项。

若非监理单位组织设计方案竞选，监理单位应仔细审查竞选文件，并向建设单位提出审查报告。

（4）设计方案竞选的基本程序。在实践中，建筑工程特别是大型建筑的设计，习惯上不采取招标方式征集，而多采取设计方案竞选的方式。通常的做法是：监理单位、建设单位或委托的招标代理机构等咨询机构，先提出竞选的具体要求和评选条件，提供方案设计所需的技术、经济资料；致函邀请若干家设计机构参加竞选；接受邀请的设计单位，在规定的期限内向竞选主办单位提交参选设计方案；竞选主办单位聘请专家组成评审委员会，对参选方案进行审核，就是否满足设计目的的要求、是否符合规划管理的有关规定，以及建造和使用过程的经济性等方面，提出评价意见和候选名单，最后由建设单位负责人作出评选决策，并与中选方案的设计单位商签设计合同；对未入选的方案的设计单位，可给予有限的补偿。

3. 方案征集过程中的质量控制重点

(1)协助建设单位确定最适宜所监理工程项目条件的设计方案征集方法。

(2)招标书或竞选文件的编制与审核，特别是其中的设计任务书或功能描述书的编写，是监理单位质量控制的重点工作，应为建设单位提出书面评价报告。

(3)初选设计单位，把好入围关。

(4)应对评标委员会所做的评标报告或竞选评价报告写出分析报告，并提交建设单位。

(5)对中选或中标方案的修改与整合提出建议，并组织落实。

另外，若委托了招标代理机构或其他中介机构，监理单位应协助建设单位监督其工作程序是否符合现行法律、法规的规定。

(二)详细规划设计阶段质量控制

为满足城市规划的深化和管理需要，控制建设用地性质、使用强度和空间环境，并作为城市规划管理的依据，指导修建性详细规划的编制。其规划设计的内容如下：

(1)详细规定所规划范围内各类不同使用性质用地的界线，规定各类用地内适建、不适建或者有条件地允许建设的建筑类型。

(2)规定各地块建筑高度、建筑密度、容积率、绿地率等控制指标，规定交通出入口方位、停车泊位、建筑后退红线距离、建筑间距等要求。

(3)提出各地块的建筑体量、体型、色彩等要求。

(4)确定各级支路的红线位置、控制点坐标和标高。

(5)根据规划容量，确定工程管线的走向、管径和工程设施的用地界限。

(6)制定相应的土地使用与建筑管理规定。

详细规划设计阶段质量控制要点如下：

(1)审查规划设计单位和规划师是否具有国家规定的相应资质和资格。

(2)收集、整理各方面的基础资料，要进行深入调查研究，保证其准确性。采用的勘察、测量图件和资料应符合城市规划勘察主管部门的有关规定和质量要求。

(3)审核设计是否遵循《中华人民共和国规划法》的各项规划原则，是否符合有关标准和技术规范，是否采用了先进的设计方法和技术手段。

(4)是否符合总体规划或分区规划的要求。

(5)应进行多方案比较和经济技术论证，并广泛征求有关部门和当地居民的意见。

(6)应运用城市设计方法，综合考虑自然环境、人文因素和居民生产及生活的需要，对城市空间环境作出统一规划，提高城市的环境质量、生活质量和城市景观的艺术水平，为修建性详细规划设计或环境设计甚至单体设计提供充分的设计依据。

四、初步(扩初)设计的质量控制

初步设计是最终成果的前身，相当于一幅图的草图，也就是所谓的方案设计，一般在没有最终定稿之前的设计都统称为初步设计。初步设计是介于方案和施工图之间的设计，是在方案设计基础上的进一步设计，但设计深度还未达到施工图的要求，小型工程可不必经过这个阶段而直接进入施工图。

初步设计是在项目可行性研究报告被批准后，由建设单位征集规划设计方案，并以规划设计方案和建设单位提出的初步设计委托任务书为依据而进行的。

初步设计阶段质量控制监理工作程序如图 3-2 所示。

监理工程师对初步设计的质量控制要侧重于技术方案的研究和选择，具体的质量控制是通过跟踪设计，对设计图纸审查来实现的，其审核控制要点如下：

(1)是否符合设计任务书和批准方案所确定的使用性质、规模、设计原则和审批意见，设计文件的深度是否达到要求。

(2)有无违反人防、消防、节能、抗震及其他有关设计规范和设计标准。

(3)总体设计中所列项目有无漏项，总建筑面积是否超出设计任务书批准的面积，各项技术经济指标是否符合有关规定，总体工程与城市规划红线、坐标、标高、市政管网等是否协调一致。

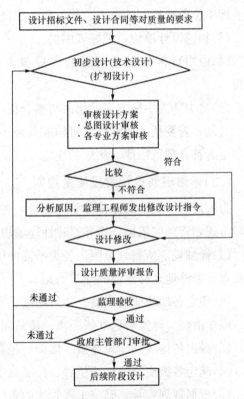

图 3-2 初步设计阶段质量控制监理工作程序

(4)建筑物单体设计中各部分用房分配，平面布置和相互关系，房间的朝向、开间、进深、层高，交通路线等是否合理。通风采光、安全卫生、消防、疏散、装修标准等是否恰当。

(5)审查结构选型、结构布置是否合理，给水排水、热力、燃气、消防、空调、电力、电信、电视等系统设计标准是否恰当。

(6)审查初步设计概算是否超出计划投资，若超出，应查明原因所在。

五、施工图设计的质量控制

编制施工图设计的目的是指导建筑安装的施工，设备、构配件、材料的采购和非标准设备的加工制造，并明确建设工程的合理使用年限。

1. 施工图设计的内容

施工图设计根据批准的初步设计（或技术设计）文件编制，其内容主要包括绘制总平面图，绘制建筑物和构筑物详图，绘制公用设备详图，绘制工艺流程和设备安装图，编制重要施工、安装部位和生产环节的施工操作说明，以及编制设备、材料明细表和汇总表等，并确定工程合理的使用年限。

施工图设计文件以图纸为主，包括封面、图纸目录、设计说明（首页）、图纸和工程预算书等，而且以子项为编排单位。各专业的工程计算书应经校审、签字后，整理归档。设计图纸的主要内容如下：

（1）图纸目录：先列新绘制图纸，后列选用的标准图纸或重复利用图纸。

（2）设计说明（首页）：结构安全等级；地基概况；设计活荷载、设备荷载、结构材料、品种、规格、型号、强度等；标准构件图及施工注意事项等。

（3）基础平面图及基础详图。

（4）结构平面布置图、结构构件详图及节点构造图。

（5）其他图纸包括各专业设计方案的平面图、立面图、剖面图及其详图或构造图等。

施工图的设计深度应能满足设备和材料的安排，各种非标准设备的制作，施工图预算的编制，工程施工需要以及工程价款结算需要等要求。

2. 施工图设计阶段的监理工作

施工图设计阶段监理质量控制程序如图 3-3 所示。施工图设计阶段的监理工作如下：

（1）督促并控制设计单位按照委托设计合同约定的日期，保质、保量、准时交付施工图及概预算文件。

（2）对设计过程进行跟踪监理，必要时，会同建设单位组织对单位工程施工图的中间检查验收，并提出评估报告。其主要检查内容如下：

1）设计标准及主要技术参数是否合理。

2）是否满足使用功能要求。

3）地基处理与基础形式的选择。

4）结构选型及抗震设防体系。

5）建筑防火、安全疏散、环境保护及卫生的要求。

6）特殊的要求，如工艺流程、人防、暖通、防腐蚀、防尘、防噪声、防微振、防辐射、恒温、恒湿、防磁、防电波等。

7）其他需要专门审查的内容。

（3）审核设计单位交付的施工图及概预算文件，并提出评审验收报告。

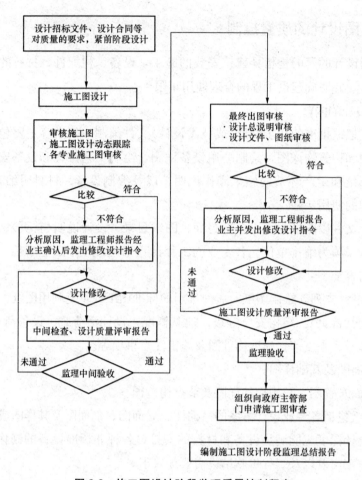

图 3-3　施工图设计阶段监理质量控制程序

（4）根据国家有关法规的规定，将施工图报送当地政府住房城乡建设主管部门指定的审查机构进行审查，并根据审查意见对施工图进行修正。

（5）编写工作总结报告，整理、归档监理资料。

3. 施工图审核

监理工程师对施工图的审核重点是使用功能及质量要求是否得到满足，并应按有关国家和地方验收标准及设计任务书、设计合同约定的质量标准，针对施工图设计成品，特别是其主要质量特性作出验收评定，签发监理验收结论文件。

施工图纸的审核主要由项目总监理工程师负责组织各专业监理工程师进行，必要时，应组织专家会审或邀请有关专业专家参加。

监理工程师对施工图应主要审核以下几个方面的内容：

（1）图纸的规范性。

（2）建筑造型与立面设计。

（3）平面设计。

(4)空间设计。

(5)装修设计。

(6)结构设计。

(7)工艺流程设计。

(8)设备设计。

(9)水、电、自控等设计。

(10)城市规划、环境、消防、卫生等要求满足情况。

(11)各专业设计的协调一致情况。

(12)施工可行性。

另外，应特别注意过分设计、不足设计两种极端情况。

4. 设计交底与施工图会审

(1)设计交底的内容。设计交底是指在施工图完成并经审查合格后，设计单位在设计文件交付施工时，按法律规定的义务就施工图设计文件向施工单位和监理单位作出详细的说明。其目的是对施工单位和监理单位正确贯彻设计意图，使其加深对设计文件的难点、疑点的理解，掌握关键工程部位的质量要求，确保工程质量。设计交底的主要内容一般包括：施工图设计文件总体介绍，设计的意图说明，特殊的工艺要求，建筑、结构、工艺、设备等各专业在施工中的难点、疑点和容易发生的问题说明，施工单位、监理单位、建设单位等对设计图纸疑问的解释等。

(2)施工图会审的内容。施工图会审是指承担施工阶段监理的监理单位、组织施工单位、建设单位，以及材料、设备供货等相关单位，在收到审查合格的施工图设计文件后，在设计交底前所进行的全面细致的审查施工图纸的活动。其目的一是使施工单位和各参建单位熟悉设计图纸，了解工程特点和设计意图，找出需要解决的技术难题，并制定解决方案；二是解决图纸中存在的问题，减少图纸的差错，将图纸中的质量隐患消灭在萌芽之中。施工图会审的内容一般包括以下几项：

1)审查是否无证设计或越级设计；图纸是否经设计单位正式签署。

2)审查地质勘探资料是否齐全。

3)审查设计图纸与说明是否齐全；有无分期供图的时间表。

4)审查设计地震烈度是否符合当地要求。

5)审查几个设计单位共同设计的图纸相互间有无矛盾，专业图纸之间，平面图、立面图、剖面图之间有无矛盾；标注有无遗漏。

6)审查总平面与施工图的几何尺寸、平面位置、标高等是否一致。

7)审查防火、消防是否满足要求。

8)审查建筑结构与各专业图纸本身是否有差错及矛盾；结构图与建筑图的平面尺寸及标高是否一致；建筑图与结构图的表示方法是否清楚，是否符合制图标准；预埋件是否表示清楚；有无钢筋明细表；钢筋的构造要求在图中是否表示清楚。

9)审查施工单位是否具备施工图中所列各种标准图册。

10)审查材料来源有无保证，能否代换；图中所要求的条件能否满足；新材料、新技术的使用有无问题。

11)审查地基处理方法是否合理；建筑与结构构造是否存在不能施工、不便于施工的技术问题，或容易导致质量、安全、工程费用增加等方面的问题。

12)审查工艺管道、电气线路、设备装置、运输道路与建筑物之间或相互间有无矛盾；布置是否合理。

13)审查施工安全、环境卫生有无保证。

14)审查图纸是否符合监理大纲所提出的要求。

(3)设计交底与施工图会审的要求如下：

1)设计交底由建设单位负责组织，设计单位向施工单位和承担施工阶段监理任务的监理单位等相关参建单位进行交底。图纸会审由承担施工阶段监理任务的监理单位负责组织，施工单位、建设单位、设计单位等相关参建单位参加。

2)设计交底与图纸会审的通常做法是：设计文件完成后，设计单位将设计图纸移交建设单位，报经有关部门批准后建设单位发给承担施工监理的监理单位和施工单位。由施工阶段监理单位组织参建各方进行图纸会审，并整理成会审问题清单，在设计交底前一周交给设计单位。承担设计阶段监理的监理单位组织设计单位做交底准备，并对会审问题清单拟定解答。

3)设计交底一般以会议形式进行，先进行设计交底，然后转入图纸会审问题解释，通过设计、监理、施工三方或参建多方研究协商，确定存在的图纸和各种技术问题的解决方案。设计交底应在施工开始前完成。

4)设计交底应由设计单位整理会议纪要，图纸会审应由施工单位整理会议纪要，与参加会议各方会签。设计交底与图纸会审中涉及设计变更的，还应按监理程序办理设计变更手续。设计交底会议纪要、图纸会审会议纪一经各方签认，即成为施工和监理的依据。

5. 设计变更控制

在施工图设计文件交予建设单位投入使用前或使用后，均会出现建设单位要求，或现场施工条件的变化或国家政策法规的改变等原因所引起的设计变更。设计变更可能由设计单位自行提出，也可能由建设单位提出，还可能由承包单位提出。无论哪个单位提出，都必须征得建设单位同意并且办理书面变更手续，凡涉及施工图审查内容的设计变更，还必须报请原审查机构审查后再批准实施。监理工程师应对设计变更进行严格控制，并注意以下几点：

(1)应随时掌握国家政策法规的变化，特别是有关设计、施工的规范及规程的变化，有关材料或产品的淘汰或禁用，并将信息尽快通知设计单位和建设单位，避免产生设计变更的潜在因素。

（2）加强对设计阶段的质量控制。特别是施工图设计文件的审核，对施工图节点做法的可施工性要根据自己的经验给予评判，对各专业图纸的交叉要严格控制会签工作，力争将矛盾和差错解决在出图之前。

（3）对建设单位和承包单位提出的设计变更要求进行统筹考虑，确定其必要性，同时，将设计变更对建设工期和费用的影响分析清楚并通报给建设单位，对非改不可的要调整施工计划，以尽可能减少其对工程的不利影响。

（4）要严格控制设计变更的签批手续，以明确责任，减少索赔。现将施工图设计文件投入使用前和使用后两种情况列出，监理工程师对设计变更的控制程序如图3-4所示。设计阶段的设计变更由该阶段监理单位负责控制，施工阶段的设计变更由承担施工阶段监理任务的监理单位负责控制。

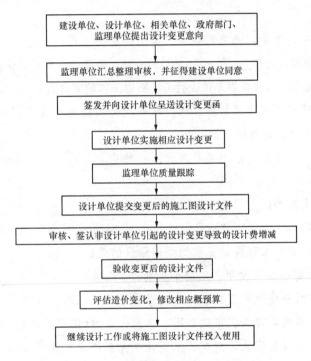

图3-4 监理工程师对设计变更的控制程序

本章小结

工程勘察设计阶段质量控制是工程监理单位相关服务工作的主要内容。工程勘察工作一般分为三个阶段，即可行性研究勘察、初步勘察、详细勘察。为保证工程勘察工作符合整个工程建设的质量要求，应按照质量控制的基本原理，对工程勘察工作的人、机械、材料、方法、环境五大质量影响因素进行检查和过程控制。建设工程设计是指根据建设单位的要求，对建设工程所需的技术、经济、资源、环境等条件进行综合分析、论证，编制建设工程设计文件的活动。其一般分为方案设计、初步设计和施工图设计三个阶段。设计阶段质量控制的主要方法是在设计过程中和阶段设计完成时，以设计招标文件(含设计任务书、地质勘察报告等)，设计合同，监理合同，政府有关批文，各项技术规范和规定，气象、地区等自然条件及相关资料、文件为依据，对设计文件进行深入细致的审核。

思考与练习

一、填空题

1. 对工程地质条件复杂，或有特殊施工要求的重要工程，应进行_____。

2. 可行性研究勘察，又称_____，其目的是通过搜集、分析已有资料，进行现场踏勘。

3. 工程建设单位委托工程勘察单位进行工程勘察工作的方式有_____、_____或_____。

4. _____是确定工程项目质量目标、水平，反映业主建设意图，编制设计文件的主要依据，是决定工程项目成败的关键。

5. 项目设计方案的征集方法主要有两种：一种是_____；另一种是_____。

二、选择题

1. 勘察工作方案应由(　　)进行审查。

　　A. 监理工程师　　　　B. 监理员　　　　　　C. 高级工程师　　　　D. 质量监督人员

2. 下列各项中，关于工程设计资质的描述错误的是(　　　)。

　　A. 工程设计综合资质设甲、乙两个级别

　　B. 工程设计行业资质和工程设计专业资质设甲、乙两个级别

　　C. 根据行业需要，建筑、市政公用、水利、电力(限送变电)、农林和公路行业可设立工程设计丙级资质，建筑工程设计专业资质设丁级资质

　　D. 建筑行业根据需要设立建筑工程设计事务所资质

3. 下列关于设计阶段监理质量控制原则的描述错误的是(　　　)。

　　A. 建设工程设计应当与社会、经济发展水平相适应，做到经济效益、社会效益和环境效益相统一

　　B. 建设工程设计应当在工程勘察工作前进行

　　C. 建设工程设计应力求做到适用、安全、美观、经济

　　D. 建设工程设计应符合设计标准、规范的有关规定，计算要准确，文字说明要清楚，图纸要清晰

4. 采用邀请招标方式，招标人应当向(　　　)个以上设计单位发出招标邀请书。

　　A. 二　　　　　　　　B. 三　　　　　　　　C. 四　　　　　　　　D. 五

5. 下列关于设计交底的描述错误的是(　　)。

   A. 设计交底一般以会议形式进行

   B. 设计交底应在图纸会审后进行

   C. 设计交底应在施工开始前完成

   D. 设计交底由建设单位负责组织

三、问答题

1. 工程勘察工作的任务是什么?

2. 工程勘察阶段监理工作的内容有哪些?

3. 工程勘察成果检查的内容有哪些?

4. 设计阶段监理质量控制的任务是什么?

5. 简述工程招标的基本程序。

6. 施工图设计的内容有哪些?

第四章　工程施工阶段质量控制

学习目标

了解工程施工阶段质量控制的依据和影响因素；熟悉施工质量控制的系统过程；掌握工程施工准备阶段和施工过程质量控制的内容与工作要点。

能力目标

通过本章内容的学习，能够按要求进行工程施工准备阶段和工程施工过程中的质量控制。

第一节　施工质量控制的依据、内容和影响因素

工程施工是使工程设计意图最终实现并形成工程实体的阶段，也是最终形成建筑工程产品质量和工程项目使用价值的重要阶段。因此，施工阶段的质量管理不但是施工监理重要的工作内容，也是工程项目质量管理的重点。对工程施工的质量管理，就是按合同赋予的权利，围绕影响工程质量的各种因素，对工程项目的施工进行有效的监督和管理。

一、施工质量控制的依据

施工质量控制的依据主要是工程项目施工阶段与质量控制有关的、具有普遍指导意义和必须遵守的基本文件。

1. 国家法律法规及合同

（1）工程承包合同文件。工程施工承包合同文件中，分别规定了参建各方在质量控制方面的权利和义务，以及有关各方必须履行的承诺。因此，施工单位要依据合同的约定进行质量管理与控制。

1）《中华人民共和国合同法》（以下简称《合同法》）关于合同履行的规定："合同内容有关

质量要求不明确的，按照国家标准、行业标准履行；没有国家标准、行业标准的，按照通常标准或者符合合同目的的特定标准履行。"

2)《合同法》还规定："质量不符合约定的，应当按照当事人的约定承担违约责任。"受害方根据标的性质及损失的大小，可以合理选择要求对方承担修理、重做、退货、减少价款或者报酬等违约的责任。

中华人民共和国
合同法

3)《合同法》第十六章"建设工程合同"中规定，施工合同的内容包括工程范围、建设工期，工程的开工和竣工时间、工程质量、工程造价、技术资料交付时间、材料和设备的供应责任、付款和结算、竣工验收、质量保修范围和质量保证期、双方相互协作等条款。

4)《中华人民共和国建筑法》和《合同法》均规定，施工总承包的建筑工程主体结构的施工必须由总承包单位自行完成。禁止总承包单位将工程分包给不具备相应资质条件的单位，禁止分包单位将其承包的工程再分包。

(2)设计文件。"按图施工"是施工阶段质量控制的一项重要原则，因此，经过批准的设计图纸和技术说明书等设计文件，无疑是质量控制的重要依据。但是从严格质量管理和质量控制的角度出发，施工单位应当认真做好设计交底及图纸会审工作，以完全了解设计意图和质量要求，发现图纸差错和施工过程难以控制质量的问题，从而确保工程质量，减少质量隐患。

(3)有关质量管理方面的法律、法规、规章和文件。为了维护建筑市场秩序，加强建筑活动的监督管理，保证工程质量和安全，国家和政府颁布了有关工程质量管理和控制的法规性文件。从事建筑活动的各方，包括施工企业应当遵循各法规性文件。建筑施工企业的领导和管理人员，以及参与建筑活动的所有人员都要认真、全面地领会其精神实质和法律、法规条文的具体含义，在施工过程中，结合工程质量管理和控制工作，正确理解和执行。另外，根据各地的不同情况，各省、自治区、直辖市所颁布的有关建筑市场管理、工程质量管理的地方法规、地方规章、规定，适用于各地区的工程质量管理和控制，施工企业也应当认真领会并执行，确保建筑工程的质量和安全。

2. 有关质量检验与控制的技术法规

质量检验与控制的技术法规是指针对不同专业、不同性质质量控制对象制定的各类技术法规性的文件，包括各种有关的标准、规范、规程或规定。所谓技术标准，有国际标准（如 ISO9000 系列）、国家标准（强制性标准和推荐性标准）、行业标准和企业标准，它们是建立和维护正常生产和工作秩序的准则，也是衡量工程、设备和材料质量的尺度；所谓技术规范或规程，是指为执行技术标准，保证施工有秩序进行，而为有关专业和操作人员制定的行为准则，其与质量的形成有着密切的关系，应当遵守。有关质量方面的规定，是由主管部门根据需要而发布的具有方针目标性的文件，其有助于保证标准和规范、规程的实施，以及改善实际存在的问题，具有指令性和及时性的特点，是质量管理与控制的重要内容。施工单位首先应熟悉有关施工质量检验与控制的专门技术法规性文件，具体如下：

(1)工程质量验收规范体系。

1)《建筑工程施工质量验收统一标准》(GB 50300—2013)。

2)《建筑地基基础工程施工质量验收规范》(GB 50202—2002)。

3)《砌体工程施工及验收规范》(GB 50203—2011)。

4)《混凝土结构工程施工质量验收规范》(GB 50204—2015)。

5)《钢结构工程施工质量验收规范》(GB 50205—2001)。

6)《木结构工程施工质量验收规范》(GB 50206—2012)。

7)《屋面工程质量验收规范》(GB 50207—2012)。

8)《地下防水工程质量验收规范》(GB 50208—2011)。

9)《建筑地面工程施工质量验收规范》(GB 50209—2010)。

10)《建筑装饰装修工程质量验收规范》(GB 50210—2001)。

11)《建筑给水排水及采暖工程施工质量验收规范》(GB 50242—2002)。

12)《通风与空调工程施工质量验收规范》(GB 50243—2016)。

13)《建筑电气工程施工质量验收规范》(GB 50303—2015)。

14)《电梯工程施工质量验收规范》(GB 50310—2002)。

(2)有关工程材料、半成品和构配件质量控制方面的专门技术法规性依据。

1)有关材料及其制品质量的技术标准。如水泥、木材及其制品、钢材、砖瓦、砌块、混凝土、石材、石灰、砂、玻璃、陶瓷及其制品、涂料、保温及吸声材料、防水材料、塑料制品、建筑五金、电缆电线、绝缘材料、门窗以及其他材料或制品的质量标准。

2)有关材料或半成品等的取样、试验等方面的技术标准或规程。

3)有关材料验收、包装、标志方面的技术标准和规定。

(3)控制质量的依据。对采用新工艺、新技术和新方法的工程,事先应进行试验,并应有权威性的技术部门的技术鉴定书,在此基础上制定有关的质量标准和施工工艺规程,以此作为判断与控制质量的依据。

二、施工质量控制的内容

(1)开工前检查。目的是检查是否具备开工条件,开工后能否连续正常施工,能否保证工程质量。

(2)工序交接检查。对于重要的工序或对工程质量有重大影响的工序,在自检、互检的基础上,还要组织专职人员进行工序交接检查。

(3)隐蔽工程检查。凡是隐蔽工程均应在检查认证后方可掩盖。

(4)停工后复工前的检查。因处理质量问题或某种原因停工后需复工时,经检查认可后方能复工。

(5)分项、分部工程完工后,应经检查认可,签署验收记录后才可进行下一个工程项目施工。

(6)成品保护检查。检查成品有无保护措施,或保护措施是否可靠。

此外，还应经常深入现场，对施工操作质量进行巡视检查；必要时，还应进行跟班或追踪检查。

三、施工质量控制的影响因素

施工阶段的质量控制是一个"投入物质量控制→施工过程质量控制→产出物质量控制"的全过程、全系统控制过程。由于工程施工也是一种物质生产活动，因此，在全过程、全系统控制过程中，应对影响工程项目实体质量的五大因素实施全面控制。五大因素是指人（Man）、材料（Material）、机械设备（Machine）、施工方法（Method）、环境（Environment），简称 4M1E 质量因素。其具体构成如图 4-1 所示。

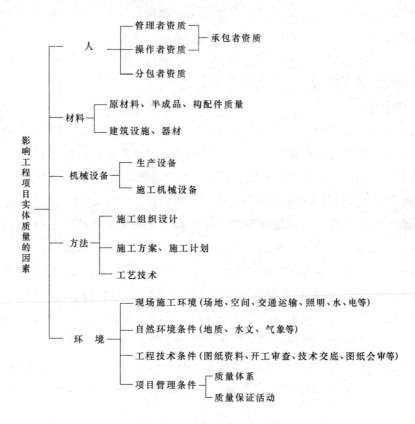

图 4-1　影响工程项目实体质量的因素构成

1. 人的管理

人是指直接参与施工的组织者、指挥者和操作者。人作为管理的对象，要避免产生失误；作为管理的动力，要充分调动人的积极性，发挥人的主导作用。为此，除了加强政治思想教育、劳动纪律教育、职业道德教育、专业技术培训、健全岗位责任制、改善劳动条件、公平合理地激励劳动热情以外，还需根据工程特点，从确保质量出发，从人的技术水平、生理缺陷、心理行为、错误行为等方面来管理。

人的管理内容包括：组织机构的整体素质和每一个体的知识、能力、生理条件、心理状态、质量意识、行为表现、组织纪律、职业道德等，做到合理用人，发挥团队精神，调动人的积极性。施工现场对人的控制的主要措施和途径有以下几点：

(1)以项目经理的管理目标和职责为中心，合理组建项目管理机构，贯彻因事设岗原则，配备合适的管理人员。

(2)严格实行分包单位的资质审查，控制分包单位的整体素质，包括技术素质、管理素质、服务态度和社会信誉等。严禁分包工程或作业的转包，以防资质失控。

(3)坚持作业人员持证上岗，特别是重要的技术工种、特殊工种、高空作业等，必须有资质者才可上岗。

(4)加强对现场管理人员和作业人员的质量意识教育及技术培训。开展作业质量保证的研讨交流活动等。

(5)严格现场管理制度和生产纪律，规范人的作业技术和管理活动的行为。

(6)加强激励和沟通活动，调动人的积极性。

2. 材料的管理

材料的管理包括原材料、成品、半成品、构配件等的管理。其主要是严格检查验收，正确合理地使用，建立管理台账，进行收、发、储、运等各环节的技术管理，避免混料和将不合格的原材料使用到工程上。实施材料的质量管理应抓好以下几个环节：

(1)材料采购。承包商采购的材料都应根据工程特点、施工合同、材料的适用范围和施工要求、材料的性能价格等因素综合考虑。材料采购应根据施工进度提前安排，项目经理部或企业应建立常用材料的供应商信息库并及时追踪市场动态。必要时，应要求材料供应商呈送材料样品或进行实地考察，并应注意材料采购合同中有关质量条款的严格说明。

(2)材料检验。材料检验是事先通过一系列的检测手段，将所取得的材料数据与其质量标准相比较，借以判断材料质量的可靠性能否用于工程。业主供应的材料同样应进行检验，检验方法可分为书面检验、外观检验、理化检验和无损检验四种。根据材料信息保证资料的具体情况，其检验程序可分为免检、抽检和全部检查三种。抽样理化检验是建筑材料常见的检验方式，应按照国家有关规定的取样方法及试验项目进行检验，并对其质量作出评定。

(3)材料的仓储和使用。运至现场或在现场生产加工的材料经过检验后应重视其仓储和使用管理，避免因材料变质或误用造成质量问题，如水泥的受潮结块、钢筋的锈蚀、不同直径钢筋的混用等。为此，一方面，承包商应合理调度，避免现场材料大量积压；另一方面，材料必须按不同类别排放、挂牌标志，并在使用材料时现场检查督导。

3. 机械设备的管理

施工机械设备是现代建筑施工必不可少的设施，是反映施工企业实力强弱的重要方面，其对工程项目的施工进度和质量有着直接的影响。施工时，要根据不同工艺特点和技术要求，选用合适的机械设备，正确使用、管理和保养机械设备。为此，要健全"人机固定"制度、"操作证"制度、"岗位责任"制度、"交接班"制度、"技术保养"制度、"安全使用"制度、"机械设备检查"制度等，确保机械设备处于最佳使用状态。

(1)承包商应按照技术先进、经济合理、生产适用、性能可靠、使用安全的原则选择施工机械设备，使其具有特定工程的适用性和可靠性。如预应力张拉设备，根据锚具的类型，从适用性出发，对于拉杆式千斤顶，只适用于张拉单根粗钢筋的螺丝端杆锚具、张拉钢丝束的锥形螺杆锚具或 DM5A 型镦头锚具。

(2)应从施工需要和保证质量的要求出发，正确确定相应类型的性能参数，如千斤顶的张拉力，必须大于张拉程序中所需的最大张拉值。

(3)在施工过程中，应定期对施工机械设备进行校正，以免误导操作，如锥螺纹接头的力矩扳手就应经常校验，以保证接头质量的可靠。另外，选择机械设备必须有与之相配的操作工人。

4. 施工方法的管理

施工方法的管理包含施工方案、施工工艺、施工组织设计、施工技术措施等的管理，主要应结合工程实际，能解决施工难题，技术可行、经济合理，有利于保证质量、加快进度、降低成本。对施工方法的管理，应着重抓好以下几个关键方面：

(1)施工方案应随工程进展而不断细化和深化。

(2)选择施工方案时，对主要项目要拟订几个可行性方案，突出主要矛盾，摆出其主要的优缺点，以便反复讨论与比较，选出最佳方案。

(3)对主要项目、关键部位和难度较大的项目，如新结构，新材料，新工艺，大跨度、大悬臂和高大的结构部位等，制定方案时要充分估计到可能发生的施工质量问题及相应的处理方法。

5. 环境的管理

创造良好的施工环境，对保证工程质量和施工安全，实现文明施工，树立施工企业的社会形象，都有很重要的作用。施工环境管理，既包括对自然环境特点和规律的了解、限制、改造及利用问题，也包括对管理环境及劳动作业环境的创设活动。影响工程质量的环境因素较多，有工程技术环境，如工程地质、水文、气象等；工程管理环境，如质量保证体系、质量管理制度等；劳动环境，如劳动组合、作业场所、工作面等。根据工程特点和具体条件，应对影响质量的环境因素，采取有效的措施严加控制。尤其是施工现场，应建立文明施工和文明生产的环境，保持材料工件堆放有序、道路畅通、工作场所清洁整齐、施工程序井井有条，为确保质量、安全创造良好条件。

(1)自然环境的管理。自然环境的管理主要是掌握施工现场水文、地质和气象资料信息，以便在制定施工方案、施工计划和措施时，能够从自然环境的特点和规律出发，建立地基和基础施工对策，防止地下水、地面水对施工的影响，保证周围建筑物及地下管线的安全；从实际条件出发做好冬、雨期施工项目的安排和防范措施；加强环境保护和建设公害的治理。

（2）管理环境的管理。管理环境的管理主要是根据承发包的合同结构，理顺各参建施工单位之间的管理关系，建立现场施工组织系统和质量管理的综合运行机制，确保施工程序的安排以及施工质量形成过程能够起到相互促进、相互制约、协调运转的作用。另外，在管理环境的创设方面，还应注意与现场邻近的单位、居民及有关方面的协调、沟通，搞好公共关系，使他们对施工给其造成的干扰和不便给予必要的谅解、支持和配合。

第二节　施工质量控制的系统过程

由于施工阶段是使工程设计意图最终实现并形成工程实体的阶段，是最终形成工程实体质量的过程，因此，施工阶段的质量控制是一个从对投入的资源和条件的质量控制开始，进而对生产过程及各环节质量进行控制，直到对所完成的工程产出品的质量进行检验与控制的全过程的系统控制过程。这个过程，可以根据施工阶段中工程实体形成过程的时间阶段的不同来划分；也可以根据施工阶段中工程质量形成的时间阶段来划分；或者将施工的工程项目作为一大系统，按施工层次加以分解划分。

一、按工程实体形成过程的时间阶段划分

按工程实体形成过程的时间阶段不同，施工阶段的质量控制可以分为施工准备控制、施工过程控制和竣工验收控制三个阶段。这三个环节的施工质量控制系统过程及其所涉及的主要方面如图 4-2 所示。

1. 施工准备控制

施工准备控制是指在各工程对象正式施工活动开始前，对各项准备工作及影响质量的各因素进行控制，这是确保施工质量的先决条件。

2. 施工过程控制

施工过程控制是指在施工过程中对实际投入的生产要素质量，以及作业技术活动的实施状态和结果所进行的控制，包括作业者发挥技术能力过程的自控行为和来自有关管理者的监控行为。

3. 竣工验收控制

竣工验收控制是指对通过施工过程完成的具有独立功能和使用价值的最终产品（单位工程或整个工程项目）及有关方面（如质量文档）的质量所进行的控制。

二、按工程质量形成的时间阶段划分

根据工程质量形成的时间阶段的不同，施工阶段的质量控制可以分为事前质量控制、事中

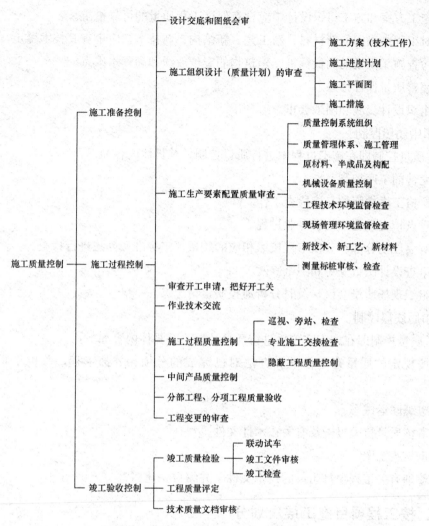

图 4-2　按工程实体形成过程的时间阶段划分

质量控制和事后质量控制。这三个环节的质量控制系统过程及其所涉及的主要方面如图 4-3 所示。

1. 事前质量控制

事前质量控制即在施工前进行质量控制，其具体内容如下：

(1)审查各承包单位的资质。

(2)对工程所需材料、构件、配件的质量进行检查和控制。

(3)对永久性生产设备和装置，按审批同意的设计图纸组织采购或订货。

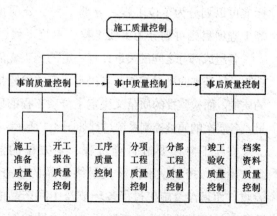

图 4-3　按工程质量形成的时间阶段划分

(4)施工方案和施工组织设计中应含有保证工程质量的可靠措施。

(5)对工程中采用的新材料、新工艺、新结构、新技术，应审查其技术鉴定。

(6)检查施工现场的测量标桩、建筑物的定位放线和高程水准点。

(7)完善质量保证体系。

(8)组织设计交底和图纸会审。

2. 事中质量控制

事中质量控制即在施工过程中进行质量控制，其具体内容如下：

(1)完善的工序控制。

(2)严格工序之间的交接检查工作。

(3)重点检查重要部位和专业过程。

(4)对完成的分部、分项工程按照相应的质量评定标准和办法进行检查。

(5)审查设计图纸变更和图纸修改。

(6)组织现场质量会议，及时分析通报质量情况。

3. 事后质量控制

事后质量控制即在施工完工后进行质量控制，其具体内容如下：

(1)按规定的质量评定标准和办法对已完成的分项、分部工程，单位工程进行检查验收。

(2)组织联运试车。

(3)审核质量检验报告及有关技术性文件。

(4)审核竣工图。

(5)整理有关工程项目质量的技术文件，并编目、建档。

三、按工程项目施工层次划分

任何一个大中型工程建设项目均可以划分为若干层次。例如，建筑工程项目按照国家标准可以划分为单位工程、分部工程、分项工程、检验批等层次，而水利水电、港口交通等工程项目则可划分为单项工程、单位工程、分部工程、分项工程等层次。

各组成部分之间的关系具有一定的施工先后顺序和逻辑关系。显然，施工作业过程的质量控制是最基本的质量控制，它决定了有关检验批的质量，而检验批的质量又决定了分项工程的质量。各层次的质量控制系统过程如图4-4所示。

在施工阶段要进行全过程、全方位的监督、检查与控制，不仅涉及最终产品的检查、验收，而且涉及施工过程各环节及中间产品的监督、检查与验收。施工阶段工程质量控制工作流程如图4-5所示。

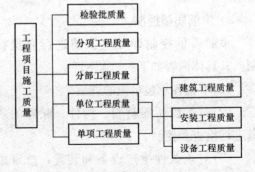

图4-4　按工程项目施工层次划分的系统控制过程

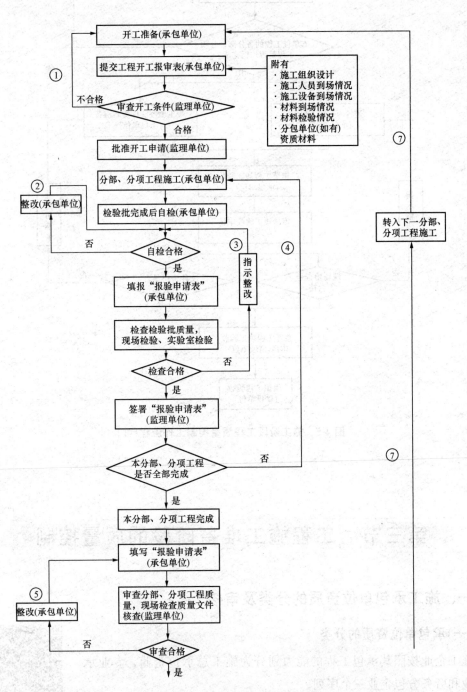

图4-5 施工阶段工程质量控制工作流程

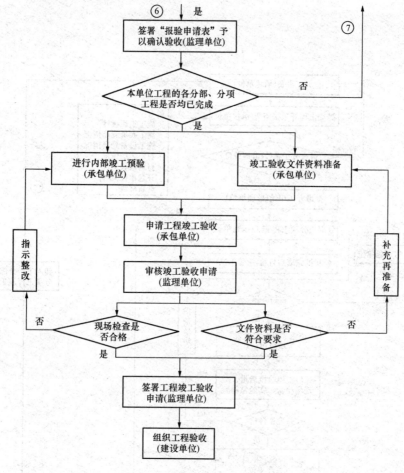

图 4-5　施工阶段工程质量控制工作流程(续)

第三节　工程施工准备阶段的质量控制

一、施工承包单位资质的分类及审核

(一)承包单位资质的分类

施工企业按照其承包工程的能力划分为施工总承包企业、专业承包企业和劳务分包企业三个序列。

(1)施工总承包企业。施工总承包企业是指获得施工总承包资质的企业,其可以对工程实行施工总承包或者对主体工程实行施工承包。施工总承包企业可以将承包的工程全部自行施工,也可以将非主体工程,或者劳

建筑业企业资质及
承包工程范围

务作业分包给具有相应专业承包资质或者劳务分包资质的其他建筑企业。施工总承包企业的资质按专业类别共分为 12 个资质类别，每一个资质类别又可分为特级、一级、二级、三级。

(2)专业承包企业。专业承包企业是指获得专业承包资质的企业，其可以承接施工总承包企业分包的专业工程或者建设单位按照规定发包的专业工程。专业承包企业既可以对所承接的工程全部自行施工，也可以将劳务作业分包给具有相应劳务分包资质的劳务分包企业。专业承包企业的资质按专业类别共分为 60 个资质类别，每一个资质类别又可分为一级、二级、三级。

(3)劳务分包企业。劳务分包企业是指获得劳务分包资质的企业，其可以承接施工总承包企业，或者专业承包企业分包的劳务作业。劳务分包企业有 13 个资质类别，如木工作业、砌筑作业、钢筋作业、架线作业等。

(二)承包单位资质审核

1. 招投标阶段对承包单位进行资质审查

(1)根据工程的类型、规模和特点，确定参与投标企业的资质等级，并取得招标投标管理部门的认可。

(2)对符合参与投标要求的承包企业的考核：

1)查对《营业执照》及《建筑业企业资质证书》，并了解其实际的建设业绩、人品素质、管理水平、资金情况、技术装备等。

2)考核承包企业近期的表现，查对年检情况、资质升降级情况，了解是否存在工程质量、施工安全、现场管理等方面的问题，企业管理的发展趋势、质量是否呈上升趋势，选择向上发展的企业。

3)查对近期承建工程，实地参观、考核工程质量情况及现场管理水平。在全面了解的基础上，重点考核与拟建工程类型、规模和特点相似或接近的工程，优先选取创出名牌优质工程的企业。

2. 对中标进场从事项目施工的承包企业质量管理体系进行审查

(1)了解企业的质量意识、质量管理情况，重点了解企业质量管理的基础工作、工程项目管理和质量控制的情况。

(2)贯彻 ISO9000 标准体系建立和通过认证的情况。

(3)企业领导班子的质量意识及质量管理机构落实情况、质量管理权限实施的情况等。

(4)审查承包单位现场项目经理部的质量管理体系。

(三)分包单位资质审核

分包工程开工前，承包单位应将分包单位资格报审表和分包单位有关资质资料，报送专业监理工程师审核，审核的内容如下：

(1)分包单位的营业执照、企业资质证书、特殊专业施工许可证等。

(2)分包单位的业绩。

(3)拟分包工程的内容和范围。

(4)专职管理人员和特种作业人员的资格证、上岗证。

经审核符合规定后，由总监理工程师签认。

二、施工组织设计审核

1. 施工组织设计审核的内容

施工组织设计主要是针对特定的工程项目，为完成预定的控制目标，编制专门规定质量措施、资源和活动顺序等的文件。施工组织设计应符合施工合同要求，并应由承包单位负责人签字。施工组织设计应由专业监理工程师审核后，经总监理工程师签认。发现施工组织设计中存在问题时，应提出修改意见，由承包单位修改后重新报审。施工组织设计审核的内容如下：

(1)在工程项目开工前约定的时间内，承包单位必须完成施工组织设计的编制及内部自审批准工作，填写《施工组织设计(方案)报审表》(表 4-1)报送监理机构。

表 4-1 施工组织设计(方案)报审表

致：   (监理单位)

我方已根据施工合同的有关规定完成了 _____ 工程施工组织设计(方案)的编制，并经我单位上级技术负责人审查批准，请予以审查。
附：施工组织设计(方案)
 	
                    承包单位(章)_____
                     项目经理_____
                     日 期_____

专业监理工程师审查意见：
 	
                     专业监理工程师_____
                     日 期_____

总监理工程师审查意见：
 	
                     项目监理机构
                     总监理工程师_____
                     日 期_____

(2)总监理工程师在约定的时间内，组织专业监理工程师审核，提出意见后，由总监理工程师审核签认。需要承包单位修改时，由总监理工程师签发书面意见，退回承包单位修改后再报审，总监理工程师重新审核。

(3)已审定的施工组织设计由项目监理机构报送建设单位。

(4)承包单位应按审定的施工组织设计文件组织施工。如需对其内容进行较大的变更，应在实施前将变更内容以书面形式报送项目监理机构审核。

（5）规模大、结构复杂或属新结构、特种结构的工程，项目监理机构对施工组织设计审核后，还应报送监理单位技术负责人审核，提出审核意见后由总监理工程师签发，必要时还应与建设单位协商，组织有关专业部门和有关专家会审。

（6）规模大、工艺复杂、群体或分期出图的工程，经建设单位批准可分阶段报审施工组织设计；技术复杂或采用新技术的分项、分部工程，承包单位还应编制该分项、分部工程的施工方案，报送项目监理机构审核。

2. 施工组织设计审核的注意事项

（1）重要的分部、分项工程的施工方案，承包单位在开工前，向监理工程师提交的详细说明为完成该项工程的施工方法、施工机械设备及人员配备与组织、质量管理措施以及进度安排等，报请监理工程师审核认可后方能实施。

（2）在施工顺序上应符合"先地下、后地上，先土建、后设备，先主体、后围护"的基本规律。其中，"先地下、后地上"是指地上工程开工前，应尽量完成管道、线路等地下设施和土方与基础工程的施工，以免干扰，造成浪费，影响质量。另外，施工流向要合理，即在平面和立面上都要考虑施工的质量保证与安全保证；考虑使用的先后和区段的划分，与材料、构配件的运输不发生冲突。

（3）施工方案与施工进度计划的一致性。施工进度计划的编制应以确定的施工方案为依据，正确体现施工的总体部署、流向顺序及工艺关系等。

（4）施工方案与施工平面图布置的协调一致性。施工平面图的静态布置内容，如临时施工水电热气管道、施工道路、临时办公房屋、物资仓库等，以及动态布置内容，如施工材料模板、工具、器具等，应做到布置有序，有利于各阶段施工方案的实施。

三、现场施工准备的质量控制

（一）工程定位及标高基准控制

测量放线是工程施工的第一步。施工测量质量的好坏，直接影响工程质量，若测量控制基准点或标高有误，则会导致建筑物或结构的位置或高程出现误差，从而影响整体质量；若设备的基础预埋件定位测量失准，则会造成设备难以正确安装的质量问题等。因此，工程测量控制可以说是施工质量控制的一项最基础的工作，也是施工准备阶段的一项重要内容。

（1）监理工程师应要求施工承包单位，对建设单位（或其委托的单位）给定的原始基准点、基准线和标高等测量控制点进行复核，并将复测结果报送监理工程师审核，经批准后施工承包单位才能据以进行准确的测量放线，建立施工测量控制网，并应对其正确性负责，同时做好基桩的保护。

（2）复测施工测量控制网。在工程总平面图上，各种建筑物或构筑物的平面位置都是用施工坐标系统的坐标来表示的。复测施工测量控制网时，应抽检建筑方格网、控制高程的水准网点以及标桩埋设位置等。

（二）施工平面位置的控制

建设单位按照合同约定并结合承包单位施工的需要，事先划定并提供给承包单位占有和使用现场有关部分的范围。如果在现场的某一区域内需要不同的施工承包单位同时或先后施工、使用，就应根据施工总进度计划的安排，规定他们各自占用的时间和先后顺序，并在施工总平面图中详细注明各工作区的位置及占用顺序，监理工程师要检查施工现场总体布置是否合理，是否有利于保证施工的正常、顺利进行，是否有利于保证施工质量。

(三)材料构配件采购订货的控制

凡由承包单位负责采购的原材料、半成品或构配件，在采购订货前应向监理工程师申报；对于重要的材料，还应提交样品，供试验或鉴定，有些材料则要求供货单位提交理化试验单(如预应力钢筋的硫、磷含量等)，经监理工程师审查认可后，方可进行订货采购。

对于半成品或构配件，应按经过审批认可的设计文件和图纸要求采购订货；质量检测项目及标准、出厂合格证或产品说明书等质量文件的要求，以及是否需要权威性的质量认证等应满足施工及安装进度安排的需要。

质量文件主要包括：产品合格证及技术说明书；质量检验证明；检测与试验者的资格证明；关键工序操作人员资格证明及操作记录(如大型预应力构件的张拉应力工艺操作记录)；不合格或质量问题处理的说明及证明；有关图纸及技术资料，必要时还应附有权威性认证资料。

(四)施工机械设备的质量控制

施工机械设备是实现施工机械化的重要物质基础，是现代施工中必不可少的设备。其对施工项目的质量有直接的影响。因此，施工机械设备的选用，必须综合考虑施工场地的条件、建筑结构形式、机械设备性能、施工工艺和方法、施工组织与管理、建筑经济等各种因素，进行多方案比较，使之合理装备、配套使用、有机联系，以充分发挥机械设备的效能，力求获得较好的综合经济效益。机械设备的选用，应着重从机械设备的选择、机械设备的主要性能参数和机械设备的操作要求三方面予以控制。

(1)施工机械设备的选择。施工机械设备的选择应本着因地制宜、因工程制宜，按照技术先进、经济合理、生产适用、性能可靠、使用安全、操作及维修方便的原则，贯彻执行机械化、半机械化与改良工具相结合的方针，突出施工与机械相结合的特色，使其具有工程的适用性，保证工程质量的可靠性、使用操作的方便性和安全性等特点。

(2)施工机械设备的主要性能参数。施工机械设备的主要性能参数是选择机械设备的依据，要能满足需要和保证质量的要求。

(3)施工机械设备的操作要求。合理使用施工机械设备，正确进行操作，是保证项目施工质量的重要环节。

(五)分包单位资质的审核确认

保证分包单位的质量，是保证工程施工质量的一个重要环节和前提。因此，监理工程师应对分包单位资质进行严格控制。分包单位资质的审核确认主要有以下几点：

(1)分包单位提交《分包单位资质报审表》(表4-2)。总承包单位选定分包单位后，应向监理工程师提交《分包单位资质报审表》，其内容一般应包括以下几个方面：

表 4-2 分包单位资质报审表

致：		（监理单位）	
经考察，我方认为_____（分包单位）具有承担下列工程的施工资质和施工能力，可以保证本工程项目按合同的规定进行施工。分包后，我方仍承担分包单位的全部责任。请予以审查和批准。 附：1. 分包单位资质材料 2. 分包单位业绩材料			
分包工程名称（部位）	工程数量	拟分包工程合同额	分包工程占全部工程额的比例
合　　计			
承包单位（章）_____ 项目经理_____ 日　　期_____			
专业监理工程师审查意见： 专业监理工程师_____ 日　　期_____			
总监理工程师审查意见： 项目监理机构_____ 总监理工程师_____ 日　　期_____			

1）关于拟分包工程的情况。说明拟分包工程名称（部位）、工程数量，拟分包合同额，分包工程占全部工程额的比例。

2）关于分包单位的基本情况。分包单位的基本情况包括：该分包单位的企业简介、资质材料、技术实力、企业过去的工程经验与业绩、企业的财务资本状况等，施工人员的技术素质和条件。

3）分包协议草案。分包协议草案包括：总承包单位与分包单位之间的责、权、利，分包项目的施工工艺、分包单位设备和到场时间、材料供应，总包单位的管理责任等。

（2）监理工程师审查总承包单位提交的《分包单位资质报审表》。审查时，主要审查施工承包合同是否允许分包；分包的范围和工程部位是否可进行分包；分包单位是否具有按工程承包合同规定的条件完成分包工程任务的能力。如果认为该分包单位不具备分包条件，则不予批准。若监理工程师认为该分包单位基本具备分包条件，则应在进一步调查后由总监理工程师予以书面确认。审查、控制的重点一般是分包单位施工组织者、管理者的资格与质量管理水平，操作者在特殊专业工种和关键施工工艺或新技术、新工艺、新材料等应用方面的素质与能力。

(3)对分包单位进行调查。调查的目的是核实总承包单位申报的分包单位情况是否属实。如果监理工程师对调查结果满意，则总监理工程师应以书面形式批准该分包单位承担分包任务。总承包单位收到监理工程师的批准通知后，应尽快与分包单位签订分包协议，并将协议副本报送监理工程师备案。

(六)设计交底与施工图纸的现场核对

在施工阶段，设计文件是建设工作的依据。因此，监理工程师应认真参加由建设单位主持的设计交底工作，以透彻地了解设计原则及质量要求；同时，要督促承包单位认真做好审核及图纸核对工作，对于审图过程中发现的问题，及时以书面形式报告给建设单位。

1. 项目监理人员参加设计技术交底应了解的基本内容

(1)设计主导思想，建筑艺术构思和要求，采用的设计规范，确定的抗震、防火等级，基础、结构、内外装修及机电设备设计(设备造型)等。

(2)对主要建筑材料、构配件和设备的要求，所采用的新技术、新工艺、新材料的要求，以及施工中应特别注意的事项等。

(3)对建设单位、承包单位和监理单位提出的对施工图的意见和建议的答复。

2. 监理工程师参加设计交底应着重了解的内容

(1)有关地形、地貌、水文气象、工程地质及水文地质等自然条件。

(2)主管部门及其他部门(如规划、环保、农业、交通、旅游等)对本工程的要求，设计单位采用的主要设计规范等。

(3)设计意图方面，诸如设计思想、设计方案比选的情况，基础开挖及基础处理方案，设计意图，设备安装和调试要求，施工进度与工期安排等。

(4)施工注意事项方面，如基础处理等要求、对建筑材料方面的要求、主体工程设计中采用新结构或新工艺对施工提出的要求、为实现进度安排而应采用的施工组织和技术保证措施等。

在设计交底会上确认的设计变更应由建设单位、设计单位、施工单位和监理单位会签。

3. 施工图纸的现场核对

(1)施工图纸合法性的认定：施工图纸是否经设计单位正式签署、是否按规定经有关部门审核批准、是否得到建设单位的同意。

(2)图纸与说明是否一致。

(3)地下构筑物、障碍物、管线是否探明并标注清楚。

(4)图纸中有无遗漏、差错或相互矛盾之处，图纸的表示方法是否清楚及符合标准等。

(5)水文地质等基础资料是否充分、可靠，地形、地貌与现场实际情况是否相符。

(6)所需材料的来源有无保证，是否可替代；新材料、新技术的采用有无问题。

（7）所提出的施工工艺、方法是否合理，是否切合实际，是否存在不便于施工之处，能否保证质量要求。

（8）施工图或说明书中涉及的各种标准、图册、规范、规程等，承包单位是否具备。对于存在的问题，要求承包单位以书面形式提出，在设计单位以书面形式进行解释或确认后，才能进行施工。

第四节　工程施工过程质量控制

一、工序质量控制

工程项目的施工过程是由一系列相互关联、相互制约的工序所构成的。工序质量是基础，直接影响工程项目的整体质量。要控制工程项目施工过程的质量，首先必须控制工序的质量。

（一）工序质量控制的概念

工序质量是指施工中人、材料、机械、工艺方法和环境等对产品起综合作用的过程的质量，又称过程质量，它体现为产品质量。工序质量

建设工程
监理规范

包含两个方面的内容：一是工序活动条件的质量；二是工序活动效果的质量。从质量管理的角度来看，这两者是相互关联的，一方面要管理工序活动条件的质量，即每道工序投入品(人、材料、机械设备、方法和环境)的质量是否符合要求；另一方面又要管理工序活动效果的质量，即每道工序施工完成的工程产品是否达到有关质量标准。

工序质量的控制，就是对工序活动条件的质量管理和工序活动效果的质量管理，以此达到整个施工过程的质量管理。在进行工序质量管理时要着重以下几个方面的工作：

（1）确定工序质量控制工作计划。一方面要求对不同的工序活动制定专门的保证质量的技术措施，作出物料投入及活动顺序的专门规定；另一方面须规定质量控制工作流程、质量检验制度等。

（2）主动控制工序活动条件的质量。工序活动条件主要指影响质量的五大因素，即人、材料、机械设备、施工方法和环境。

（3）及时检验工序活动效果的质量。主要是实行班组自检、互检、上下道工序交接检查，特别是对隐蔽工程和分项(部)工程的质量检验。

（4）设置工序质量控制点(工序管理点)，实行重点控制。工序质量控制点是针对影响质量的关键部位或薄弱环节所确定的重点控制对象。正确设置控制点并严格实施是进行工序质量控制的重点。

(二)工序质量控制的内容

工序质量控制主要包括两个方面的控制,即工序施工条件控制和对工序施工效果控制,如图 4-6 所示。

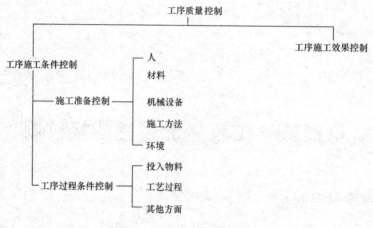

图 4-6　工序质量控制内容

1. 工序施工条件控制

工序施工条件是指从事工序活动的各种生产要素及生产环境条件。其控制主要可以采取检查、测试、试验、跟踪监督等方法。控制依据是设计质量标准、材料质量标准、机械设备技术性能标准、操作规程等。控制方式对工序准备的各种生产要素及环境条件宜采用事前质量控制的模式,即预控。

工序施工条件控制包括以下两个方面:

(1)施工准备方面的控制。即在施工前,应对影响工序质量的因素或条件进行监控。要控制的内容一般包括:人的因素,如施工操作者和有关人员是否符合上岗要求;材料因素,如材料质量是否符合标准,能否使用;施工机械设备的条件,如其规格、性能、数量能否满足要求,质量有无保障;采用的施工方法及工艺是否恰当,产品质量有无保证;施工的环境条件是否良好等。这些因素或条件应当符合规定的要求或保持良好状态。

(2)施工过程中对工序活动条件的控制。对影响工序产品质量的各因素控制不仅体现在开工前的施工准备中,而且还应当贯穿于整个施工过程,包括各工序、各工种的质量保证与强制活动。在施工过程中,工序活动是在经过审查认可的施工准备的条件下展开的,要注意各因素或条件的变化,如果发现某种因素或条件向不利于工序质量的方向变化,应及时予以控制或纠正。

在各因素中,投入施工的物料如材料、半成品等,以及施工操作或工艺是最活跃和最易变化的因素,应予以特别监督与控制,使其质量始终处于控制中,符合标准及要求。

2. 工序施工效果控制

工序施工效果主要反映在工序产品的质量特征和特性指标方面。工序施工效果控制就是控制工序产品的质量特征和特性指标,使其达到设计要求和施工验收标准。工序施工效果质量控制一般属于事后质量控制，其控制的基本步骤包括实测、分析、判断、认可或纠偏。

(1)实测。实测即采用必要的检测手段，对抽取的样品进行检验，测定其质量特性指标（如混凝土的抗拉强度）。

(2)分析。分析即对检测所得数据进行整理、分析，找出规律。

(3)判断。根据对数据分析的结果，判断该工序产品是否达到了规定的质量标准，如果未达到，应找出原因。

(4)认可或纠偏。如发现质量不符合规定标准，应采取措施纠正，如果质量符合要求则予以确认。

(三)工序质量分析

在施工过程中，有许多影响工程质量的因素，但是它们并非同等重要，重要的只是少数，往往是某个因素对质量起决定作用，控制了它，质量就可以得到保证。人、材料、机械设备、施工方法、环境中的任何一个因素，都可能在工序质量中起关键作用。有些工序往往不是一种因素起作用，而是几种因素同时起支配作用。工序质量分析，概括地讲，就是要找出对工序的关键或重要质量特性起支配性作用的全部活动。要将这些支配性要素制定成标准，加以重点控制。不进行工序质量分析，就做不好工序质量控制，也就不能保证工序质量。若工序质量不能保证，工程质量也就得不到保证。如果搞好工序质量分析，就能迅速提高质量。工序质量分析是施工现场质量体系的一项基础工作。

工序质量分析可按三个步骤、八项活动进行：

第一步，应用因果分析图法进行分析，通过分析，在书面上找出支配性要素。该步骤包括以下五项活动：

(1)选定分析的工序。对关键、重要工序或根据过去资料认定经常发生问题的工序，可选定为工序分析对象。

(2)确定分析者，明确任务，落实责任。

(3)对经常发生质量问题的工序，应掌握现状和问题点，确定改善工序质量的目标。

(4)组织开会，应用因果分析图法进行工序分析，找出工序支配性要素。

(5)针对工序支配性要素拟订对策计划，决定试验方案。

第二步，实施对策计划：

(6)按试验方案进行试验，找出质量特性和工序支配性要素之间的关系，经过审查，确定试验结果。

第三步，制定标准，控制工序支配性要素：

(7)将试验核实的工序支配性要素编入工序质量表，纳入标准或规范，落实责任部门或人员，并经批准。

(8)各部门或有关人员对属于自己负责的工序支配性要素，按标准规定实行重点管理。

工序质量分析的第一步是书面分析，用因果分析图法；第二步是进行试验核实，可根据不同的工序用不同的方法，如优选法等；第三步是制定标准进行管理，主要应用系统图法和矩阵图法。

(四)工序施工质量的动态控制

影响工序施工质量的因素对工序施工质量所产生的影响，可能表现为一种偶然的、随机的影响，也可能表现为一种系统性的影响。前者表现为工序产品的质量特征数据以平均值为中心，上下波动不定，呈随机变化，此时的工序质量基本上是稳定的，质量数据波动是正常的，它是由工序活动过程中一些偶然的、不可避免的因素造成的，如所用材料的微小差异、施工设备运行的正常振动、检验误差等。这种正常的波动一般对产品质量影响不大，在管理上是容许的。而后者则表现为工序产品质量特征数据方面出现异常大的波动或散差，其数据波动呈一定的规律性或倾向性变化，如数值不断增大或减小、数据均大于(或小于)标准值或呈周期性变化等。这种质量数据的异常波动通常是由系统性的因素造成的，如使用了不合格的材料、施工机具设备严重磨损、违章操作、检验量具失准等。在质量管理上是不允许出现这种异常波动的，施工单位应采取措施设法加以消除。因此，施工管理者应当在整个工序活动中，连续实施动态跟踪控制，通过对工序产品的抽样检验，判定其产品质量波动状态。若工序活动处于异常状态，则应查找出影响质量的原因，采取措施排除系统性因素的干扰，使工序活动恢复正常状态，从而保证工序活动及其产品的质量。

二、质量控制点的设置

1. 质量控制点的概念

质量控制点是指为了保证工序质量而确定的重点控制对象、关键部位或薄弱环节。设置质量控制点是保证达到工序质量要求的必要前提，监理工程师在拟订质量控制工作计划时，应予以详细考虑，并以制度来保证落实。对于质量控制点，一般要事先分析可能造成质量问题的原因，再针对原因制定对策和措施进行预控。

2. 质量控制点设置的原则

质量控制点的设置，是根据工程的重要程度，即质量特性值对整个工程质量的影响程度来确定。在设置质量控制点时，首先要对施工的工程对象进行全面分析、比较，以确定质量控制点；然后进一步分析所设置的质量控制点在施工中可能出现的质量问题或造成质量隐患的原因，针对隐患的原因，相应地提出对策、措施予以预防。由此可见，设置质量控制点，是对工程质量进行预控的有力措施。

质量控制点的涉及面较广，根据工程特点，视其重要性、复杂性、精确性、质量标准和要求，可能是结构复杂的某一工程项目；也可能是技术要求高、施工难度大的某一结构构件或分项、分部工程；还可能是影响质量关键的某一环节中的某一工序或若干工序。总之，无论是操作、材料、机械设备、施工顺序、技术参数、自然条件、工程环境等，均可作为质量控制点来设置，主要是视其对质量特征影响的大小及危害程度而定。

质量控制点一般设置在下列部位：

(1)重要的和关键的施工环节和部位。

(2)质量不稳定、施工质量没有把握的施工工序和环节。

(3)施工技术难度大、施工条件困难的部位或环节。

(4)质量标准或质量精度要求高的施工内容和项目。

(5)对后续施工或后续工序质量或安全有重要影响的施工工序或部位。

(6)采用新技术、新工艺、新材料施工的部位或环节。

是否设置质量控制点，主要是视其对质量特性影响的大小、危害程度及其性质保证难度大小来决定的。建筑工程质量控制点一般位置示例见表4-3。

表 4-3　建筑工程质量控制点一般位置示例

分项工程	质量控制点
工程测量定位	标准轴线桩、水平桩、龙门板、定位轴线、标高
地基、基础 (含设备基础)	基坑(槽)尺寸、标高、土质、地基承载力，基础垫层标高，基础位置、尺寸、标高，预留洞孔、预埋件的位置、规格、数量，基础标高、杯底弹线
砌体	砌体轴线、皮数杆、砂浆配合比、预留洞孔、预埋件的位置、数量，砌块排列
模板	位置、尺寸、标高，预埋件的位置，预留洞孔的尺寸、位置，模板强度及稳定性，模板内部清理及润湿情况
钢筋混凝土	水泥品种、强度等级，砂石质量，混凝土配合比，外加剂比例，混凝土振捣，钢筋的品种、规格、尺寸、搭接长度，钢筋焊接，预留洞、孔及预埋件的规格、数量、尺寸、位置，预制构件吊装或出场(脱模)强度，吊装位置、标高、支承长度、焊缝长度
吊装	吊装设备起重能力、吊具、索具、地锚
钢结构	翻样图、放大样
焊接	焊接条件、焊接工艺
装修	视具体情况而定

3. 质量控制点的重点控制对象

(1)人的行为。对某些作业或操作，应以人为重点进行控制。例如，高空、高温、水下、危险作业等，对人的身体素质或心理应有相应的要求；技术难度大或精度要求高的作业，如复杂模板放样，精密、复杂的设备安装，以及重型构件吊装等对人的技术水平均有相应较高的要求。

(2)物的质量与性能。施工设备和材料是直接影响工程质量和安全的主要因素，对某些工程尤为重要，常将其作为控制的重点。例如，基础的防渗灌浆，灌浆材料细度及可灌性，作业设备的质量、计量仪器的质量都是直接影响灌浆质量和效果的主要因素。

(3)关键的操作。例如，预应力钢筋的张拉工艺操作过程及张拉力的控制，是可靠地建立预应力值和保证预应力构件质量的关键过程。

(4)施工技术参数。例如，对填方路堤进行压实时，对填土含水量等参数的控制是保证填方质量的关键；对于岩基水泥灌浆，灌浆压力和吃浆率是质量保证的关键；冬期施工混凝土受冻临界强度等技术参数是质量控制的重要指标。

(5)施工顺序。对于某些工作必须严格作业之间的顺序，例如，对于冷拉钢筋应当先对焊、后冷拉，否则会失去冷强；对于屋架固定一般应采取对角同时施焊，以免焊接应力使已校正的屋架发生变位等。

(6)技术间歇。有些作业之间需要有必要的技术间歇时间，例如，砖墙砌筑与抹灰工序之间，以及抹灰与粉刷或喷涂之间，均应保证有足够的间歇时间；混凝土浇筑与拆模之间也应保持一定的间歇时间；混凝土大坝坝体分块浇筑时，相邻浇筑块之间也必须保持足够的间歇时间等。

(7)新工艺、新技术、新材料的应用。由于缺乏经验，施工时可将其作为重点进行严格控制。

(8)产品质量不稳定、不合格率较高及易发生质量通病的工序。应将其列为重点，仔细分析、严格控制，如防水层的铺设、供水管道接头的渗漏等。

(9)易对工程质量产生重大影响的施工方法。例如，液压滑模施工中的支承杆失稳问题、升板法施工中提升差的控制等，一旦施工不当或控制不严，即可能引起重大质量事故问题，因此，也应将其作为质量控制的重点。

(10)特殊地基或特种结构。例如，大孔性湿陷性黄土、膨胀土等特殊土地基的处理，大跨度和超高结构等难度大的施工环节和重要部位等都应予以特别重视。

4. 质量控制点设置实施要点

(1)交底。将控制点的"控制措施设计"向操作班组进行认真交底，必须使工人真正了解操作要点，这是保证"制造质量"，实现"以预防为主"思想的关键环节。

(2)质量控制人员在现场进行重点指导、检查、验收。对重要的质量控制点，质量管理人员应当进行旁站指导、检查和验收。

(3)工人按作业指导书进行认真操作，保证操作中每个环节的质量。

(4)按规定做好检查并认真记录检查结果，取得第一手数据。

(5)运用数理统计方法不断进行分析与改进(实施 PDCA 循环)，直至质量控制点验收合格。

5. 见证点和停止点

见证点(Witness Point)和停止点(Hold Point)，是国际上(如 ISO9000 族标准)对于重要程度不同及监督控制要求不同的质量控制对象的一种区分方式。实际上它们都是质量控制点，只是由于它们的重要性或其质量后果影响程度有所不同，所以，在实施监督控制时的动作程序和监督要求也有所区别。

(1)见证点也称截流点，简称 W 点。它是指重要性一般的质量控制点，在这种质量控制点施工之前，施工单位应提前(如 24 h 之前)通知监理单位派监理人员在约定的时间到现场进行见证，对该质量控制点的施工进行监督和检查，并在见证表上详细记录该质量控制点所在的建筑部位、施工内容、数量、施工质量和工时，并签字作为凭证。如果在规定的时间，监理人员未能到达现场进行见证和监督，施工单位可以认为已取得监理单位的同意（默认），有权进行该见证点的施工。

（2）停止点也称待检点，简称 H 点。它是指重要性较高、其质量无法通过施工以后的检验来得到证实的质量控制点。例如，无法依靠事后检验来证实其内在质量或无法事后把关的特殊工序或特殊过程。对于这种质量控制点，在施工之前，施工单位应提前通知监理单位，并约定施工时间，由监理单位派出监理人员到现场进行监督控制。如果在约定的时间内，监理人员未到现场进行监督和检查，则施工单位应停止该质量控制点的施工，并按合同规定，等待监理人员，或另行约定该质量控制点的施工时间。在实际工程实施质量控制时，通常是由工程承包单位在分项工程施工前制定施工计划，就选定设置的质量控制点，并在相应的质量计划中再进一步明确哪些是见证点，哪些是停止点，施工单位应将该施工计划及质量计划提交监理工程师审批。如监理工程师对上述计划及见证点与停止点的设置有不同意见，应书面通知施工单位，要求其修改，待修改后，再上报监理工程师审批后执行。

6. 质量预控及对策的检查

工程质量预控是指针对所设置的质量控制点或分部、分项工程，事先分析施工中可能发生的质量问题和隐患，分析可能产生的原因，并提出相应的对策，采取有效的措施进行预先控制，以防在施工中发生质量问题。质量预控及对策的表达方式主要有用文字表达、用表格形式表达和用解析图的形式表示三种。

（1）用文字表达。用文字列出可能产生的质量问题，以及拟定的质量预控措施。

（2）用表格形式表达。用简表形式分析在施工中可能发生的主要质量问题和隐患，并针对各种可能发生的质量问题，进行相应的预控，见表4-4。

表 4-4　用表格形式表达

可能发生的质量问题	质量预控措施
……	……
……	……
……	……

（3）用解析图的形式表示。用解析图的形式表示质量预控及措施对策是用两份图表示的。

工程质量预控图中间按该分部工程的施工各阶段划分，即从准备工作至完工后的质量验收与中间检查以及最后的资料整理；右侧列出各阶段所需进行的质量控制有关的技术工作，用框架的方式分别与工作阶段连接；左侧列出各阶段所需进行的质量控制有关的管理工作要求，如图4-7所示。

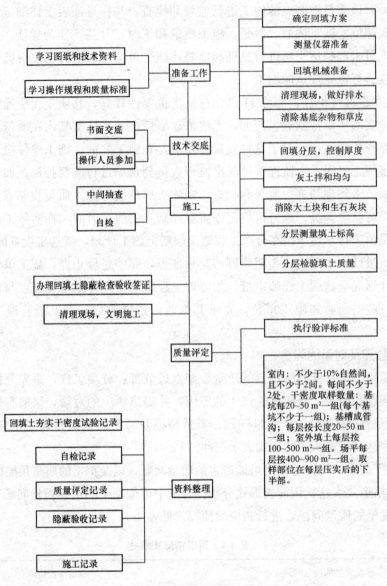

图 4-7 工程质量预控图

质量控制对策图分为两部分：一部分列出某一分部、分项工程中各种影响质量的因素；另一部分列出对应于各种质量问题影响因素所采取的对策或措施，如图 4-8 所示。

三、施工技术准备状态的控制

(一)施工技术交底控制

技术交底是对施工组织设计或施工方案的具体化；是更细致、更明确、更具体的技术实施方案；是工序施工或分项工程施工的具体指导文件。为做好技术交底，项目经理部必须由主管技术人员编制技术交底书，并经项目总工程师批准。技术交底的内容包括：

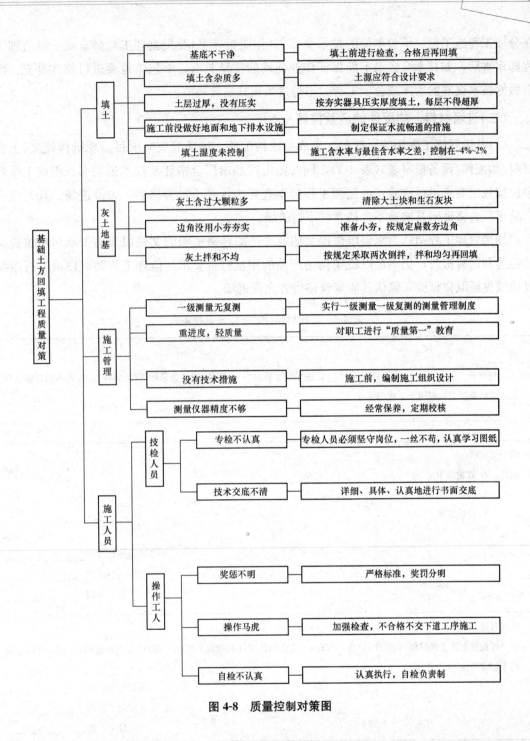

图 4-8 质量控制对策图

施工方法、质量要求和验收标准；施工过程中需注意的问题；可能出现意外的措施及应急方案。

技术交底要紧紧围绕和具体施工有关的操作者、机械设备、使用的材料、构配件、工艺、施工方法、施工环境、具体管理措施等方面进行，交底中要明确做什么、谁来做、如何做、作业标准和要求、何时完成等。对于关键部位，或技术难度大、施工复杂的检验批，在分项工程施工前，承包单位的技术交底书(作业指导书)要报监理工程师审批。经监理工程师审查后，如技术交底书不能保证作业活动的质量要求，承包单位要进行修改补充。没有做好技术交底的工序或分项工程，不得进入正式实施环节。

(二)进场材料、构配件的质量控制

(1)凡运到施工现场的原材料、半成品或构配件，进场前应向项目监理机构提交《工程材料/构配件/设备报审表》(表 4-5)，同时附上产品出厂合格证及技术说明书，由施工承包单位按规定要求进行检验，经监理工程师审查并确认其质量合格后，方准进场。凡是没有产品出厂合格证明及检验不合格者，不得进场。

如果监理工程师认为承包单位提交的有关产品合格证明的文件以及施工承包单位提交的检验和试验报告，仍不足以说明到场产品的质量符合要求，监理工程师可以再进行组织复检或见证取样试验，确认其质量合格后方允许进场。

表 4-5　工程材料/构配件/设备报审表

致：
我方于＿＿＿＿年＿＿＿＿月＿＿＿＿日进场的工程材料/构配件/设备数量如下(见附件)。现将质量证明文件及自检结果报上，拟用于下述部位：
＿＿＿
＿＿＿
请予以审核。 附件：1. 数量清单 　　　2. 质量证明文件 　　　3. 自检结果
承包单位(章)＿＿＿＿＿＿＿＿＿ 项目经理＿＿＿＿＿＿＿＿＿ 日　　期＿＿＿＿＿＿＿＿＿
审查意见： 　　经检查上述工程材料/构配件/设备，符合/不符合设计文件和规范的要求，准许/不准许进场，同意/不同意使用于拟定部位。 项目监理机构＿＿＿＿＿＿＿＿＿ 总/专业监理工程师＿＿＿＿＿＿＿＿＿ 日　　期＿＿＿＿＿＿＿＿＿

(2)进口材料的检查、验收，应会同国家商检部门进行。如果在检验中发现质量问题或数量不符合规定要求，应取得供货方及商检人员签署的商务记录，在规定的索赔期内进行索赔。

(3)材料构配件存放条件的控制。质量合格的材料、构配件进场后，到其使用或安装时通常都要经过一定的时间间隔。在此时间内，如果对材料等的存放、保管不良，可能导致质量状况的恶化、变质、损坏，甚至不能使用。

（4）对于某些当地材料及现场配制的制品，一般要求承包单位事先进行试验，达到要求的标准方可施工，这是保证材料合格的主要措施之一。

（三）环境状态的控制

施工作业环境条件主要是指诸如水、电或动力供应、施工照明、安全防护设备、施工场地空间条件和通道，以及交通运输和道路条件等。这些条件是否良好，直接影响施工能否顺利进行，以及施工质量。监理工程师应事先检查承包单位对施工作业环境条件方面的有关准备工作是否已到位；当确认其准备可靠、有效后，方准许其进行施工。

施工质量管理环境主要是指：施工承包单位的质量管理体系和质量控制自检系统是否处于良好的状态；系统的组织结构、管理制度、检测制度、检测标准、人员配备等方面是否完善和明确；质量责任制是否落实；监理工程师做好承包单位施工质量管理环境的检查，并督促其落实，是保证作业效果的重要前提。

监理工程师应检查施工承包单位对于在未来的施工期间，自然环境条件可能会出现对施工作业质量的不利影响时，是否事先已有充分的认识并已做好充足的准备，是否采取了有效措施与对策以保证工程质量。

（四）进场施工机械设备性能及工作状态的控制

施工现场作业机械设备的技术性能及工作状态，对施工质量有重要的影响。因此，监理工程师要做好现场控制工作。

（1）机械设备进场前，承包单位应向项目监理机构报送进场设备清单，包括现场进场机械设备的型号、规格、数量、技术性能（技术参数）、设备状况、进场时间。机械设备进场后，根据承包单位报送的清单，监理工程师进行现场核对，是否和施工组织设计中所列的内容相符。

（2）监理工程师应审查作业机械的使用、保养记录，检查其工作状况；重要的工程机械，如大马力推土机、大型凿岩设备、路基碾压设备等，应在现场实际复验（如开动、行走等），以保证投入作业的机械设备状态良好。

监理工程师还应了解施工作业中机械设备的工作状况，防止带病运行。如发现问题，应指令承包单位及时修理，以保持良好的作业状态。

（3）对于现场使用的塔式起重机及有特殊安全要求的设备，进入现场后在使用前，必须经当地劳动安全部门鉴定，符合要求并办好相关手续后，方允许承包单位投入使用。

（4）在跨越大江、大河的桥梁施工中，经常涉及承包单位在现场组装的大型临时设备，如轨道式龙门吊机、悬灌施工中的挂篮、架梁吊机、吊索塔架、缆索吊机等。这些设备使用前，承包单位必须取得本单位上级安全主管部门的审查批准，办好相关手续后，监理工程师方可批准其投入使用。

(五)施工测量及计量器具性能、精度的控制

工程项目中，承包单位应建立试验室。如因条件限制，不能建立试验室，则应委托具有相应资质的专门试验室作为试验室；如是新建的试验室，应按国家有关规定，经计量主管部门进行认证，取得相应资质；如是本单位中心试验室的分支部分，则应有中心试验室的正式委托书。

1. 工地实验室的检查

(1)工程作业开始前，承包单位应向项目监理机构报送工地试验室(或外委试验室)的资质证明文件，列出本试验室所开展的试验、检测项目、主要仪器、设备，法定计量部门对计量器具的标定证明文件，试验检测人员上岗资质证明，试验室管理制度等。

(2)监理工程师的实地检查。专业监理工程师应从以下五个方面对承包单位的试验室进行考核：

1)试验室的资质等级及其试验范围。

2)法定计量部门对试验设备出具的计量检定证明。

3)试验室的管理制度。

4)试验人员的资格证书。

5)本工程的试验项目及其要求。

经检查，确认能满足工程质量检验要求，则予以批准，同意使用；否则，承包单位应进一步完善、补充，在没得到监理工程师同意之前，工地试验室不得使用。

2. 工地测量仪器的检查

施工测量开始前，承包单位应向项目监理机构提交测量仪器的型号、技术指标、精度等级、法定计量部门的标定证明及测量工的上岗证明，监理工程师审核确认后，方可进行正式测量作业。在作业过程中监理工程师也应经常检查了解计量仪器、测量设备的性能、精度状况，使其处于良好的状态。

(六)施工现场劳动组织及作业人员上岗资格的控制

劳动组织涉及从事作业活动的操作者及管理者，以及相应的各种管理制度。

(1)操作人员：从事作业活动的操作者数量必须满足作业活动的需要，相应工程配置能保证作业有序持续进行，不能因人员数量及工种配置不合理而造成停顿。

(2)管理人员到位：作业活动的直接负责人(包括技术负责人)、专职质检人员、安全员及与作业活动有关的测量人员、材料员、试验员必须在岗。

(3)相关制度健全：如管理层及作业层各类人员的岗位职责；作业活动现场的安全、消防规定；作业活动中的环保规定；试验室及现场试验检测的有关规定；紧急情况的应急处理规定等。同时，要有相应措施及手段保证制度、规定的落实执行。

从事特殊作业的人员(如电焊工、电工、起重工、架子工、爆破工)，必须持证上岗，对此监理工程师要进行检查与核实。

四、施工活动过程中的控制

工程施工质量是在施工过程中形成的，施工过程由一系列相互联系与制约的作业活动所构成，因此，保证作业活动的效果与质量是施工过程质量控制的基础。

(一)承包单位自检工作的控制

承包单位是施工质量的直接实施者和责任者。监理工程师的质量监督与控制就是使承包单位建立起完善的质量自检体系并有效运转。承包单位的自检体系表现在以下几点：

(1)作业活动的作业者在作业结束后必须自检。

(2)不同工序交接、转换必须由相关人员交接检查。

(3)承包单位专职质检人员的专检。

为实现上述三点，承包单位必须有整套的制度及工作程序，具有相应的试验设备及检测仪器，配备数量满足需要的专职质检人员及试验检测人员。

监理工程师的质量检查与验收，是对承包单位作业活动质量的复核与确认；监理工程师的检查决不能代替承包单位的自检，而且，监理工程师的检查必须在承包单位自检并确认合格的基础上进行。

专职质检人员没检查或检查不合格的则不能报监理工程师，不符合上述规定，监理工程师一律拒绝进行检查。

(二)技术复核工作的控制

凡涉及施工作业技术活动基准和依据的技术工作，都应该严格进行专人负责的复核性检查，以避免基准失误给整个工程质量带来难以补救的或全局性的危害。技术复核是承包单位应履行的技术工作责任，其复核结果应报送监理工程师复验确认后，才能进行后续相关的施工。监理工程师应把技术复验工作列入监理规划及质量控制计划中，并看作一项经常性工作任务，贯穿于整个施工过程。常见的施工测量复核如下：

(1)民用建筑测量复核：建筑物定位测量、基础施工测量、墙体皮数杆检测、楼层轴线检测、楼层间高层传递检测等。

(2)工业建筑测量复核：厂房控制网测量、桩基施工测量、柱模轴线与高程检测、厂房结构安装定位检测、动力设备基础与预埋螺栓检测。

(3)高层建筑测量复核：建筑场地控制测量、基础以上的平面与高程控制、建筑物垂直度检测、建筑物施工过程中的沉降变形观测等。

(4)管线工程测量复核：管网或输配电线路定位测量、地下管线施工检测、架空管线施工检测、多管线交汇点高程检测等。

(三)见证取样送检工作的控制

见证是指由监理工程师现场监督承包单位某工序全过程完成情况的活动。见证取样则是指对工程项目使用的材料、半成品、构配件的现场取样、工序活动效果的检查实施见证。

为确保工程质量，原建设部规定，在市政工程及房屋建筑工程项目中，对工程材料、承重结构的混凝土试块，承重墙体的砂浆试块、结构工程的受力钢筋(包括接头)实行见证取样。见证取样的工作程序如下：

(1)工程项目施工开始前，项目监理机构要督促承包单位尽快落实见证取样的送检试验室。对于承包单位提出的试验室，监理工程师要进行实地考察。试验室一般是和承包单位没有行政隶属关系的第三方。试验室要具有相应的资质，经国家或地方计量、试验主管部门认证，试验项目满足工程需要，试验室出具的报告对外具有法律效果。

(2)项目监理机构要将选定的试验室在负责本项目的质量监督机构备案，并得到认可，同时，要将项目监理机构中负责见证取样的监理工程师在该质量监督机构备案。

(3)承包单位在对进场材料、试块、试件、钢筋接头等实施见证取样前要通知负责见证取样的监理工程师，在该监理工程师的现场监督下，承包单位按相关规范的要求，完成材料、试块、试件等的取样过程。

(4)完成取样后，承包单位将送检样品装入木箱，由监理工程师加封，不能装入箱中的试件，如钢筋样品、钢筋接头，则贴上专用加封标志，然后送往试验室。

(四)工程变更的控制

在施工过程中，由于前期勘察设计的原因，或由于外界自然条件的变化，未探明的地下障碍物、管线、文物、地质条件不符等，以及施工工艺方面的限制、建设单位的改变，均会涉及工种变更。做好工种变更的控制工作，也是作业过程质量控制的一项重要内容。

工程变更的要求可能来自建设单位、设计单位或施工承包单位。为确保工程质量，在不同情况下，工程变更的实施及设计图纸的澄清、修改，具有不同的工作程序。施工阶段设计变更控制程序如图 4-9 所示。

1. 施工单位设计变更的处理

(1)对技术修改要求的处理。技术修改是指承包单位根据施工现场的具体条件和自身的技术、经验和施工设备等条件，在不改变原设计图纸和技术文件的前提下，提出对设计图纸和技术文件的某些技术上的修改要求，例如对某种规格的钢筋采用替代规格的钢筋、对基坑开挖边坡的修改等。

承包单位提出技术修改的要求时，应向项目监理机构提交"工程变更单"(表 4-6)，在该表中应说明要求修改的

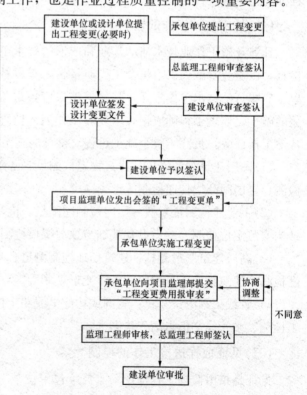

图 4-9 施工阶段设计变更控制程序

内容及原因或理由，并附图和有关文件。技术修改问题一般可以由专业监理工程师组织承包单位和现场设计代表参加，经各方同意后签字并形成纪要，作为工程变更单附件，经总监理工程师批准后实施。

(2)工程变更的要求。工程变更是指施工期间，对于设计单位在设计图纸和设计文件中所表达的设计标准状态的改变和修改。

承包单位应就要求变更的问题填写"工程变更单"，送交项目监理机构。总监理工程师根据承包单位的申请，经与设计、建设、承包单位研究并作出变更的决定后，签发"工程变更单"，并应附有设计单位提出的变更设计图纸。承包单位签收后，按变更后的图纸施工。

总监理工程师在签发"工程变更单"之前，应就工程变更引起的工期改变及费用的增减，分别与建设单位和承包单位进行协商，力求达成双方均能同意的结果。变更一般均会涉及设计单位重新出图的问题。如果变更涉及结构主体及安全，该工程变更还要按有关规定报送施工图原审查单位进行审批，否则变更不能实施。

表 4-6　工程变更单

致：　　　　　　　　（监理单位）
由于＿＿＿＿＿＿＿＿＿＿＿＿＿＿原因，兹提出工程变更(内容见附件)，请予以审批。 附：   提出单位＿＿＿＿＿＿＿＿ 代　表　人＿＿＿＿＿＿＿＿ 日　　　期＿＿＿＿＿＿＿＿
一致意见： 建设单位代表　　　　　　　设计单位代表　　　　　　　项目监理机构 签字：　　　　　　　　　　签字：　　　　　　　　　　签字： 日期：＿＿＿＿＿＿　　　　日期：＿＿＿＿＿＿　　　　日期：＿＿＿＿＿＿

2. 设计单位提出变更的处理

设计单位首先将"设计变更通知"及有关附件报送建设单位。建设单位会同监理、施工承包单位对设计单位提交的"设计变更通知"进行研究，必要时设计单位尚需提供进一步的资料，以便对变更作出决定。总监理工程师签发"工程变更单"，并将设计单位发出的"设计变更通知"作为该"工程变更单"的附件，施工承包单位按新的变更图实施。

3. 建设单位(监理工程师)要求变更的处理

建设单位(监理工程师)将变更的要求通知设计单位，如果在要求中包括相应的方案或建议，则应一并报送设计单位；否则，变更要求由设计单位研究解决。在提供审查的变更要求中，应列出所有受该变更影响的图纸、文件清单。

设计单位对"工程变更单"进行研究。如果在"变更要求"中附有建议或解决方案，首先，设计单位应对建议或解决方案的所有技术方面进行审查，并确定其是否符合设计要求和实际情况；然后，书面通知建设单位，说明设计单位对该解决方案的意见，并将与该修改变更有关的图纸、文件清单返回给建设单位，说明自己的意见。

如果该"工程变更单"未附有建议的解决方案，则设计单位应对该要求进行详细的研究并准备出自己对该变更的建议方案，提交建设单位。根据建设单位的授权，监理工程师研究设计单位所提交的建议设计变更方案或其对变更要求所附方案的意见，必要时，会同有关承包单位和设计单位一起进行研究，也可进一步提供资料，以便对变更作出决定。

建设单位作出变更的决定后由总监理工程师签发"工程变更单"，指示承包单位按变更的决定组织施工。在工程施工过程中，无论是建设单位还是施工及设计单位提出的工程变更或图纸修改，都应通过监理工程师审查并经有关方面研究，确认其必要性后，由总监理工程师发布变更指令方能生效予以实施。

（五）计量工作质量的控制

计量是施工作业过程的基础工作之一，计量作业效果对施工质量有重大影响。监理工程师对计量工作的质量监控包括以下内容：

（1）施工过程中使用的计量仪器、检测设备、称重衡器的质量控制。

（2）从事计量作业人员技术水平资质的审核，尤其是现场从事施工测量的测量工和从事试验、检验的试验工。

（3）现场计量操作的质量控制。作业者的实际作业质量直接影响作业效果，计量作业现场的质量控制主要是检查其操作方法是否得当。如对仪器的使用、数据的判读，数据的处理和整理方法，以及对原始数据的检查；如检查测量司镜手的测量手簿、检查试验的原始数据、检查现场检测的原始记录等；在抽样检测中，现场检测取点。检测仪器的布置是否正确、合理，检测部位是否有代表性，能否反映真实的质量状况均是审核的内容。如在路基压实度检查中，如果检查点只在路基中部选取，就不能如实反映实际，而只在路肩、路基中部有检测点。

（六）质量记录资料的控制

质量资料是施工承包单位进行工程施工或安装期间，实施质量控制活动的记录，还包括监理工程师对这些质量控制活动的意见及施工承包单位对这些意见的答复，其详细地记录了工程施工阶段质量控制活动的全过程。因此，质量记录资料不仅在工程施工期间对工程质量的控制有重要作用，而且在工程竣工和投入运行后，对查询和了解工程建设的质量情况以及工程维修和管理也能提供大量有用的资料和信息。质量记录资料包括以下三个方面内容：

（1）施工现场质量管理检查记录资料。施工现场质量管理检查记录资料主要包括：承包单位现场质量管理制度、质量责任制；主要专业工种操作上岗证书；分包单位资质及总包单位的管理制度；施工图审查核对资料（记录）、地质勘察资料；施工组织设计、施工方案及审批记录；施工技术标准；工程质量检验制度；混凝土搅拌站（级配填料拌合站）及计量设置；现场材料、设备的存放与管理等。

（2）工程材料质量记录。工程材料质量记录主要包括：进场工程材料、半成品、构配件、设备的质量证明资料；各种试验检验报告（如力学性能试验、化学成分试验、材料级配试验等）；各种合格证；设备进场维修记录或设备进场运行检验记录。

（3）施工过程作业活动质量记录资料。施工或安装过程可按分项、分部、单位工程建立相应的质量记录资料。相应质量记录资料应包括：有关图纸的图号、设计要求；质量自检资料；监理工程师验收资料；各工序作业的原始施工记录；检测及试验报告；材料、设备质量资料的编号、存放档案卷号。另外，质量记录资料还应包括：不合格项的报告、通知，以及处理和检查验收资料等。

质量记录资料应在工程施工或安装开始前，由监理工程师和承包单位一起，根据建设单位的要求及工种竣工验收资料组卷归档的有关规定，研究列出各施工对象的质量资料清单。随着工程施工的进展，承包单位应不断补充和填写关于材料、构配件及施工作业活动的有关内容，记录新的情况。当每一阶段（如检验批、一个分项或分部工程）施工或安装完成后，相应的质量记录资料也应随之完成，并整理组卷。

施工质量记录资料应真实、齐全、完整，相关各方人员的签字齐备、字迹清楚、结论明确，与施工过程的进展同步。在对作业活动效果的验收中，如缺少资料和资料不全，监理工程师应拒绝验收。

五、施工技术活动结果的控制

（一）施工技术活动结果的控制内容

作业活动结果，泛指作业工序的产出品，分部、分项工程的已完施工及已完准备交验的单位工程等。作业技术活动结果的控制是施工过程中间产品及最终产品质量控制的方式，只有作业活动的中间产品质量都符合要求，才能保证最终单位工程产品的质量，主要内容如下。

1. 基槽（基坑）验收

基槽开挖是基础施工中的一项内容，由于其质量状况对后续工程质量影响大，故均作为一个关键工序或一个检验批进行质量验收。基槽开挖质量验收主要涉及地基承载力的检查确认、地质条件的检查确认、开挖边坡的稳定及支护状况的检查确认等。

2. 隐蔽工程验收

隐蔽工程验收是指将被其后工程施工所隐蔽的分部、分项工程，在隐蔽前所进行的检查验收。这是对一些已完分部、分项工程质量的最后一道检查工序，由于检查对象就要被其他工程覆盖，给以后的检查整改造成障碍，故显得尤为重要，是质量控制的一个关键过程。

3. 工序交接验收

工序是指作业活动中一种必要的技术停顿，作业方式的转换及作业活动效果的中间确认。上道工序应满足下道工序的施工条件和要求。相关专业工序之间也是如此。工序间的交接验收，使各工序之间和相关专业工程之间形成一个有机整体。

4. 检验批(分部、分项工程)验收

检验批的质量按主控项目和一般项目验收。某检验批(分项、分部工程)完成后，承包单位应首先自行检查验收，确认符合设计文件及相关验收规范的规定，然后向监理工程师提交申请，由监理工程师予以检查、确认。监理工程师按合同文件的要求，根据施工图纸及有关文件、规范、标准等，从外观、几何尺寸、质量控制资料以及内在质量等方面进行处理、审核。如确认其质量符合要求，则予以确认验收。如有质量问题，则指令承包单位进行处理，待质量合乎要求后再予以检查验收。对涉及结构安全和使用功能的重要分部工程应进行抽样检测。

5. 设备的试压和试运转

设备安装经检验合格后，还必须进行试压和试运转，这是确保配套设备投产正常运转的重要环节。

(1)试压。凡承压设备(如受压容器、真空设备等)在制造完毕后，必须按要求进行压力试验。试压的目的是检验设备的强度(称为强度试验)，并检查接头、焊缝等是否有泄漏(称为密封性或严密性试验)，以保证设备的安全生产和正常运行。试压的方法有水压试验、气压试验和气密性试验三种。

(2)试运转。试运转是设备安装工程的最后施工阶段，是新建厂矿企业的基本建设转入正式生产的关键环节，是对设备系统能否配套投产、正常运转的检验和考核。其目的是使所有生产工艺设备，按照设计要求达到正常的安全运行。同时，还可以发现和消除设备的故障，改善不合理的工艺以及安装施工中的缺陷。

6. 单位工程或整个项目的竣工验收

在一个单位工程完成后或整个工程项目完成后，施工承包单位应先进行竣工自检，自检合格后，向项目监理机构提交"工程竣工报验单"(表4-7)。

7. 不合格的处理

上道工序不合格，不准进入下道工序施工，不合格的材料、构配件、半成品不准进入施工现场且不允许使用，已经进场的不合格品应及时作出标识、记录，指定专人看管，避免用错，并限期清除出现场；不合格的工序或工程产品，不予计价。

8. 成品保护

所谓成品保护，一般是指在施工过程中，有些分项工程已经完成，而其他分项工程尚在施工；或者在其分项工程施工过程中，某些部位已完成，而其他部位正在施工。在这种情况下，承包单位必须负责对已完成部分采取妥善措施予以保护，以免因成品缺乏保护或保护不善而造成操作损坏或污染，影响工程整体质量。因此，监理工程师应对承包单位所承担的成品保护的质量与效果进行经常性的检查。对承包单位进行成品保护的基本要求是：在承包单位向建设单位提出其工程竣工验收申请或向监理工程师提出分部、分项工程的中间验收时，其提请验收工程的所有组成部分，均应符合与达到合同文件规定的或施工图纸等技术文件所要求的质量标准。

表 4-7　工程竣工报验单

致：　　　　　　　　　（监理单位）

我方已按合同要求完成了＿＿＿＿＿＿＿＿＿＿＿工程，经自检合格，请予以检查和验收。

附：

承包单位（章）＿＿＿＿＿＿＿

项 目 经 理＿＿＿＿＿＿＿

日　　　　期＿＿＿＿＿＿＿

审查意见：

经初步验收，该工程

1. 符合/不符合我国现行法律、法规要求；

2. 符合/不符合我国现行工程建设标准；

3. 符合/不符合设计文件要求；

4. 符合/不符合施工合同要求。

综上所述，该工程初步验收合格/不合格，可以/不可以组织正式验收。

项目监理机构：＿＿＿＿＿＿＿＿

总监理工程师：＿＿＿＿＿＿＿＿

日　　　　期：＿＿＿＿＿＿＿＿

（二）施工技术活动结果检测的程序

1. 质量检验的条件

监理单位对承包单位进行有效的质量监督控制是以质量检验为基础的，为了保证质量检验的工作质量，必须具备一定的条件。质量检验条件的具体内容如下：

（1）监理单位要具有一定的检验技术力量，配备所需的具有相应水平和资格的质量检验人员。必要时，还应建立可靠的对外委托检验关系。

（2）监理单位应建立一套完善的管理制度。其包括：建立质量检验人员的岗位责任制、检验设备质量保证制度、检验人员技术核定与培训制度、检验技术规程与标准实施制度，以及检验资料档案管理制度等。

（3）配备一定数量符合标准及满足检验工作需要的检验和测试手段。

（4）质量检验所需的技术标准，如国际标准、国家标准、行业标准及地方标准等。

2. 质量检验的程序

按一定的程序对作业活动结果进行检查，其根本目的是要求作业者对作业活动结果负责，同时，这也是加强质量管理的需要。

作业活动结束，应先由承包单位的作业人员按规定进行自检，自检合格后与下一道工序的作业人员交检，如满足要求择优承包单位专职质检人员进行检查。以上自检、交检、专检均符合要求后则由承包单位向监理工程师提交"报验申请表"，监理工程师接到通知后，应在合同规定的时间内及时对其质量进行检查，确认其质量合格后予以签认验收。

作业活动结果的质量检查验收主要是对质量性能的特征指标进行检查，即采取一定的检测手段进行检验，根据检验结果分析、判断该作业活动的质量（效果）。

重要的工程部位、工序和专业工程，或监理工程师对承包单位的施工质量状况未能确定者，以及主要材料、半成品、构配件的使用等，还需由监理人员亲自进行现场验收试验或技术复核，例如路基填土压实的现场抽样检验等。涉及结构安全的试块、试件以及有关材料，应按规定进行见证取样检测、抽样检验。

3. 质量检验的方法

现场进行质量检验的方法有目测法、实测法和试验法三种。

（1）目测法。目测法的手段可归纳为"看""摸""敲""照"四个字。

1）看，就是根据质量标准进行外观目测。如墙纸裱糊质量应做到：纸面无斑痕、空鼓、气泡、褶皱；每张墙纸的颜色、花纹应一致；斜视无胶痕，纹理无压平、起光现象；对缝无离缝、搭缝、张嘴；对缝处的图案、花纹完整；裁纸的一边不能对缝，只能搭接；墙纸只能在阴角处搭接，阳角应采用包角等。又如清水墙面是否洁净，喷涂是否密实，颜色是否均匀，内墙抹灰大面及口角是否平直，地面是否光洁平整，油漆浆活表面观感、施工顺序是否合理，工人操作是否正确等，均需通过目测检查、评价。观察检验方法的使用人需要有丰富的经验，经过反复实践才能掌握标准、统一的口径，所以，这种方法虽然简单，但是难度却最大，应予以充分重视，加强训练。

2）摸，就是手感检查，主要用于装饰工程的某些检查项目。如水刷石、干粘石粘结牢固程度，油漆的光滑度，浆活是否掉粉，地面有无起砂等，均可通过手摸加以鉴别。

3）敲，是运用工具进行音感检查。对地面工程、装饰工程中的水磨石、面砖、锦砖和大理石贴面等，均应进行敲击检查，通过声音的虚实确定有无空鼓，还可根据声音的清脆和沉闷，判定属于面层空鼓还是底层空鼓。另外，用手敲玻璃，如发出颤动声响，一般是底灰不满或压条不实。

4）照，对于难以看到或光线较暗的部位，可采用镜子反射或灯光照射的方法进行检查。

（2）实测法。实测法就是通过实测数据与施工规范及质量标准所规定的允许偏差对照，来判别质量是否合格。实测法的手段，可归纳为"靠""吊""量""套"四个字。

1）靠，是用直尺、塞尺检查墙面、地面、屋面的平整度。如对墙面、地面等要求平整的项目都可利用这种方法检验。

2）吊，是用托线板以线坠吊线检查垂直度。可在托线板上系以线坠吊线，紧贴墙面，或在托板上、下两端粘以突出小块，以触点触及受检面进行检验。板上线坠的位置可压托线板的刻度，表示出垂直度。

3）量，是用测量工具和计量仪表等检查断面尺寸、轴线、标高、湿度、温度等的偏差。这种方法用得最多，主要是检查容许偏差项目。如外墙砌砖上、下窗口偏移用经纬仪或吊线检查，钢结构焊缝余高用"量规"检查，管道保温厚度用钢针刺入保温层和尺量检查等。

4)套，是以方尺套方，辅以塞尺检查，如对阴、阳角的方正，踢脚线的垂直度，预制构件的方正等项目的检查。对门窗口及构配件的对角线（窜角）检查，也是套方的特殊手段。

(3)试验法。试验法是指通过试验手段对质量进行判断的检查方法，如对桩或地基的静载试验，确定其承载力；对钢结构的稳定性试验，确定是否产生失稳现象；对钢筋对焊接头进行拉力试验，检验焊接的质量等。

4. 质量检验的种类

按质量检验的程度，即检验对象被检验的数量划分，质量检验可分为以下几类：

(1)全数检验。全数检验也叫作普通检验，主要用于关键工序部位或隐蔽工程，以及那些在技术规程、质量检验验收标准或设计文件中，有明确规定应进行全数检验的对象。例如，规格、性能指标；对工程的安全性、可靠性起决定作用的施工对象；质量不稳定的工序；质量水平要求高、对后继工序有较大影响的施工对象，不采取全数检验不能保证工程质量时，均需采取全数检验。例如，对安装模板的稳定性、刚度、强度、结构物轮廓尺寸等；对架立的钢筋规格、尺寸、数量、间距、保护层，以及绑扎或焊接质量等。

(2)抽样检验。对于主要的建筑材料、半成品或工程产品等，由于其数量大，通常采取抽样检验，即从一批材料或产品中，随机抽取少量样品进行检验，并根据数据统计分析的结果，判断该批产品的质量状况。与全数检验比较，抽样检验具有以下优点：

1)检验数量少，比较经济。

2)适合需要进行破坏性试验（如混凝土抗压强度的检验）的检验项目。

3)检验所需时间较短。

(3)免检。免检就是在某种情况下，可以免去质量检验过程。对于已有足够证据证明有质量保证的一般材料或产品；或实践证明其产品质量长期稳定、质量保证资料齐全者；或某些施工质量只有通过对施工过程的严格质量监控，而质量检验人员很难对内在质量再作检验的，均可考虑采取免检。

六、施工过程质量控制手段

(一)审核技术文件、报告和报表

审核技术文件、报告和报表是对工程质量进行全面监督、检查与控制的重要手段。审核的具体内容包括以下几个方面：

(1)审查进入施工现场的分包单位的资质证明文件，控制分包单位的质量。

(2)审批施工承包单位的开工申请书，检查、核实及控制其施工准备工作质量。

(3)审批承包单位提交的施工方案、质量计划、施工组织设计或施工计划，控制工程施工质量有可靠的技术措施保障。

(4)审批施工承包单位提交的有关材料、半成品和构配件质量证明文件(出厂合格证、质量检验或试验报告等),确保工程质量有可靠的物质基础。

(5)审核承包单位提交的反映工序施工质量的动态统计资料或管理图表。

(6)审核承包单位提交的有关工序产品质量的证明文件(检验记录及试验报告)和工序交接检查(自检),隐蔽工程检查,分部、分项工程质量检查报告等文件、资料,以确保和控制施工过程的质量。

(7)审批有关工程变更、修改设计图纸等,确保设计及施工图纸的质量。

(8)审核有关应用新技术、新工艺、新材料、新结构等的技术鉴定书,审批其应用申请报告,确保新技术应用的质量。

(9)审批有关工程质量问题的处理报告,确保质量问题处理的质量。

(10)审核与签署现场有关质量技术的签证、文件等。

(二)指令文件与一般管理文书

指令文件是监理工程师运用指令控制权的具体形式。所谓指令文件,是表达监理工程师对施工承包单位提出指示或命令的书面文件,属于要求强制性执行的文件。一般情况下是监理工程师从全局利益和目标出发,在对某项施工作业或管理问题,经过充分调研、沟通和决策之后,要求承包人必须严格按监理工程师的意图和主张实施的工作。对此,承包人负有全面正确执行指令的责任,监理工程师负有监督指令实施效果的责任,因此,它是一种非常慎重而严肃的管理手段。监理工程师的各项指令都应是书面的或有文件记载方为有效,并作为技术文件资料存档。如因时间紧迫,来不及作出正式的书面指令,也可以用口头指令的方式下达给承包单位,但随时应按合同规定,及时补充书面文件对口头指令予以确认。

一般管理文书,如监理工程师函,备忘录,会议纪要,发布的有关信息、通报等,主要是对承包商工作状态和行为提出建议、希望和劝阻等,不强制性要求执行,仅供承包人自主决策参考。

(三)现场监督和检查

开工前主要是检查准备工作的质量,以保证正常施工及工程施工质量。

工序施工中的跟踪监督、检查与控制,其主要是监督、检查在工序施工过程中,人员、施工机械设备、材料、施工方法与工艺或操作,以及施工环境条件等是否均处于良好的状态,是否符合保证工程质量的要求,若发现问题应及时纠偏和加以控制。对于重要的和对工程质量有重大影响的工序和工程部位,还应在现场进行施工过程的旁站监督与控制,确保使用材料及工艺过程质量。现场监督检查的方式如下:

(1)旁站与巡视。旁站是指在关键部位或关键工序施工过程中,由监理人员在现场进行的监督活动。在施工阶段,很多工种的质量问题是现场施工或操作不当或不符合规程、标准所致,有些施工操作不符合要求的工程质量,虽然在表面上似乎影响不大,或外表上看不出来,但隐藏着潜在的质量隐患与危险。例如,浇筑混凝土时振捣时间不够或漏振,都会影响混凝土的密实度和强度，而只凭抽样检验并不一定能完全反映实际情况。另外，抽样方法和取样操作如果不符合规程或标准的要求，对违章施工或违章操作，只有通过监理人员的现场旁站监督和检查，才能发现问题并予以控制。

旁站的部位或工序要根据工程特点，以及承包单位内部质量管理水平及技术操作水平决定。一般而言，混凝土灌注，预应力张拉过程及压浆、基础工程中的软基处理，复合地基施工(如搅拌桩、悬喷桩、粉喷桩)，路面工程的沥青拌合料摊铺，沉井过程，桩基的打桩过程，防水施工，隧道衬砌施工中超挖部分的回填，边坡喷锚打锚杆等要实施旁站。

巡视是指监理人员对正在施工的部位或工序现场进行的定期或不定期的监督活动。巡视是一种"面"上的活动，它不限于某一部位或过程，而旁站则是"点"的活动，它针对某一部位或工序。因此，在施工过程中，监理人员必须加强对现场的巡视、旁站监督与检查，及时发现违章操作和不按设计要求、不按施工图纸或施工规范、规程或质量标准施工的现象，对不符合质量要求者及时进行纠正和严格控制。

监理人员应经常地、有目的地对承包单位的施工过程进行巡视检查、检测。主要检查内容如下：

1)是否按照设计文件、施工组织规范和批准的施工方案施工。

2)是否使用合格的材料、构配件和设备。

3)施工现场管理人员，尤其是质检人员是否到岗到位。

4)施工操作人员的技术水平、操作条件是否满足工艺操作要求，特种操作人员是否持证上岗。

5)施工环境是否对工程质量产生不利影响。

6)已施工部位是否存在质量缺陷。

对施工过程中出现的较大质量问题或质量隐患，监理工程师宜采用照相、摄影等手段予以记录。

(2)平行检验。平行检验是指项目监理机构利用一定的检查或检测手段，在承包单位自检的基础上，按照一定的比例独立进行检查或检测的活动。它是监理工程师质量控制的一种重要手段，在技术复核及复验工作中采用，是监理工程师对施工质量进行验收，作出独立判断的重要依据之一。

(四)规定质量监控工作程序

规定双方必须遵守的质量监控工作程序，按规定的程序进行工作，这也是进行质量监控的必要手段。例如，未提交开工申请单并得到监理工程师的审查、批准，不得开工；未经监理工程师签署质量验收单并予以质量确认，不得进行下道工序；工程材料未经监理工程师批准，不得在工程上使用等。

另外，还应具体规定交桩复验工作程序；设备、半成品、构配件材料进场检验工作程序；隐蔽工程验收；工序交接验收工作程序；检验批，分项、分部、单位工程质量验收工作程序等。通过程序化管理，使监理工程师的质量控制工作进一步落实，使管理和控制科学化、规范化。

(五)利用支付手段

支付手段是国际上较通用的一种重要的控制手段，也是建设单位或合同赋予监理工程师的支付控制权。所谓支付控制权，就是对施工承包单位支付任何工程款项，均需由总监理工程师审核签认支付证明书，没有总监理工程师签署的支付证明书，建设单位不得向承包单位支付工程款。工程款支付的条件之一是工程质量达到规定的要求和标准。如果承包单位的工程质量达不到要求的标准，监理工程师有权采取拒绝签署支付证明书的手段，停止对承包单位支付部分或全部工程款，由此造成的损失由承包单位负责。显然，支付手段是十分有效的控制和约束手段。因此，质量监理是以计量支付控制权为保障手段的。

本章小结

工程施工是使工程设计意图最终实现并形成工程实体的阶段，也是最终形成建筑工程产品质量和工程项目使用价值的重要阶段。工程施工阶段的质量控制是工程项目质量管理的重点。施工阶段的质量控制是一个从对投入的资源和条件的质量控制开始，进而对生产过程及各环节质量进行控制，直到对所完成的工程产出品的质量进行检验与控制的全过程的系统控制过程。质量控制点是指为了保证工序质量而确定的重点控制对象、关键部位或薄弱环节。质量控制点的设置，是根据工程的重要程度，即质量特性值对整个工程质量的影响程度来确定的。工程施工质量是在施工过程中形成的，施工过程由一系列相互联系与制约的作业活动所构成，因此，保证作业活动的效果与质量是施工过程质量控制的基础。

思考与练习

一、填空题

1. 施工质量控制的影响因素有_____、_____、_____、_____和_____。

2. 材料管理包括_____、_____、_____、_____等的管理。

3. 对业主供应的材料进行质量检验的方法分为_____、_____、_____和_____四种。

4. 按工程实体形成过程的时间阶段的不同，施工阶段的质量控制可以分为_____、_____和_____。

5. _____是指对通过施工过程完成的具有独立功能和使用价值的最终产品(单位工程或整个工程项目)及有关方面(如质量文档)的质量所进行的控制。

6. 根据工程质量形成的时间阶段的不同，施工阶段的质量控制可以分为_____、_____和_____。

7. 施工企业按照其承包工程的能力划分为_____、_____和_____。

8. 在工程总平面图上，各种建筑物或构筑物的平面位置都是用_____来表示的。

9. 机械设备的选用，应着重从_____、_____和_____三方面予以控制。

10. 要控制工程项目施工过程的质量，首先必须控制_____的质量。

11. 工序质量包含两方面的内容：一是_____；二是_____。

12. _____是指从事工序活动的各种生产要素及生产环境条件。

二、选择题

1. 下列关于施工总承包企业的描述，错误的是(   )。

    A. 施工总承包企业是指获得施工总承包资质的企业

    B. 施工总承包企业可以将承包的工程全部自行施工，也可以将非主体工程，或者劳务作业分包给具有相应专业承包资质或者劳务分包资质的其他建筑企业

    C. 施工总承包企业可以对工程实行施工总承包或者对主体工程实行施工承包

    D. 施工总承包企业的资质按专业类别共分为 10 个资质类别

2. 专业承包企业的资质按专业类别共分为(   )个资质类别。

    A. 40   B. 50   C. 60   D. 70

3. 下列关于工序质量的描述，错误的是(   )。

    A. 工序质量也称为过程质量

    B. 工序质量是指施工中人、材料、机械、方法和环境等对产品起综合作用的过程的质量

    C. 工序质量体现为产品质量

    D. 工序质量的控制，就是对工序活动条件的质量管理

4. 下列关于质量控制点的描述，错误的是(   )。

    A. 质量控制点是指为了保证工序质量而确定的重点控制对象、关键部位或薄弱环节

    B. 设置质量控制点是保证达到工序质量要求的必要前提

    C. 质量控制点的设置，是根据工程的重要程度，即质量特性值对整个工程质量的影响程度来确定的

    D. 设置质量控制点不利于对工程质量进行预控

5. 现场进行质量检查的方法不包括(   )。

    A. 目测法   B. 实测法   C. 试验法   D. 对比法

三、问答题

1. 现场质量检查的内容是什么？

2. 施工现场对人的控制主要有哪些措施和途径？

3. 对施工方法的管理应着重做好哪些方面的工作？

4. 事前控制的工作内容有哪些？

5. 如何对中标进场从事项目施工的承包企业的质量管理体系进行审查？

6. 项目监理人员参加设计技术交底会应了解哪些内容？

7. 简述工序施工效果控制的基本步骤。

8. 质量控制点一般设置在哪些部位？

第五章 设备采购、制造与安装质量控制

学习目标

了解设备制造质量控制的意义，熟悉设备检验的要求和检验方法，掌握设备采购、设备指导和设备安装的质量控制要点。

能力目标

通过本章内容的学习，能够按要求进行设备采购、设备制造和设备安装过程的质量控制。

第一节 设备采购质量控制

设备可采取市场采购、向制造厂商订货或招标采购等方式进行采购，采购过程中的质量控制主要是采购方案的审查及其工作计划中质量要求的确定。

一、市场采购设备的质量控制

市场采购方式由于局限性大，不易达到设备采购的目的，而且采购的设备质量和花费的设备费用往往受到采购人员的业务经验和工作作风的影响，因此，其一般用于小型通用设备的采购。

1. 市场采购设备的原则

市场采购应根据设计文件，对需采购设备编制拟采购的设备表及相应的备品配件表，包括名称、型号、规格、数量、主要技术性能、要求交货期，以及这些设备相应的图纸、数据表、技术规格、说明书、其他技术附件等。市场采购的原则如下：

(1)向信誉良好、供货质量稳定合格的供货商采购。

(2)所采购设备的质量是可靠的，满足设计文件所确定的各项技术要求，能保证整个项目生产或运行的稳定性。

(3)所采购设备和配件的价格是合理的，技术相对先进，交货及时，维修和保养能得到充分保障。

(4)符合国家对特定设备采购的政策法规。

2. 设备采购方案的编制

设备由建设单位直接采购的，项目监理机构要协助编制设备采购方案；由总承包单位或设备安装单位采购的，项目监理机构要对总承包单位或安装单位编制的采购方案进行审查。

设备采购方案要根据建设项目的总体计划和相关设计文件的要求编制，使采购的设备符合设计文件的要求。采购方案要明确设备采购的原则、范围和内容、程序、方式和方法，包括采购设备的类型、数量、质量要求、技术参数、供货周期要求、价格控制要求等因素。设备采购方案最终应获得建设单位的批准。

3. 市场采购设备的质量控制要点

(1)为使采购的设备满足要求，负责设备采购质量控制的监理工程师应熟悉和掌握设计文件中设备的各项要求、技术说明和规范标准。这些要求、技术说明和规范标准包括采购设备的名称、型号、规格、数量、技术性能、适用的制造与安装验收标准，要求的交货时间、交货方式与地点，以及其他技术参数、经济指标等各种资料和数据，并对存在的问题通过建设单位向设备设计单位提出意见和建议。

(2)总承包单位或设备安装单位负责设备采购的人员应有设备相关专业知识，了解设备的技术要求、市场供货情况，熟悉合同条件及采购程序。

(3)由总承包单位或设备安装单位采购的设备，采购前要向监理工程师提交设备采购方案，经审查同意后方可实施。对设备采购方案的审查，重点应包括采购的基本原则，保证设备质量的具体措施，依据的图纸、规范和标准、质量标准、检查及验收程序、质量文件要求等内容。

二、向制造厂商订货设备的质量控制

选择一个合格的供货厂商，是向制造厂商订货设备质量控制工作的首要环节。为此，设备订购前要做好厂商的评审与实地考察。

按照建设单位、监理单位或设备采购代理单位规定的评审内容，在各同类厂商中进行横向比较，以确定认可的厂商。对供货厂商进行评审的内容可包括以下几项：

(1)供货厂商的资质。供货厂商的资质包括供货厂商的营业执照、生产许可证，经营范围是否涵盖拟采购设备，注册资金能否满足采购设备的需要。对需要承担设计并制造专用设备的供货厂商或承担制造并安装设备的供货厂商，还应审查设计资格证书或安装资格证书。

(2)设备供货能力。设备供货能力包括企业的生产能力、装备条件、技术水平、工艺水平、人员组成、生产管理、质量的优劣、财务状况的好坏、售后服务的优劣及企业的信誉、检测手段、人员素质、生产计划调度和文明生产的情况、工艺规程执行情况、质量管理体系运转情况、原材料和配套零部件及元器件采购渠道，以前是否生产过这种设备等。

(3)近几年供应、生产、制造类似设备的情况，目前正在生产的设备情况、生产制造设备情况、产品质量状况。

(4)过去若干年的资金平衡表和负债表，下一年度财务预测报告。

(5)要另行分包采购的原材料、配套零部件及元器件的情况。

(6)各种检验检测手段及试验室资质，企业各项生产、质量、技术、管理制度的执行情况。

在初选确定供货厂商名单后，项目监理机构应和建设单位或采购单位一起对供货厂商作进一步现场实地考察调研，提出监理单位的看法，与建设单位一起得出考察结论。在评审过程中，对于以往的工程项目中有业务来往且实践表明能充分合作的厂商可优先考虑。

三、招标采购设备的质量控制

设备招标采购一般用于大型、复杂、关键设备和成套设备及生产线设备的采购。招标采购设备的质量控制应注意以下几点：

(1)选择合适的设备供应单位是控制设备质量的重要环节。在设备招标采购阶段，监理单位应该当好建设单位的参谋和帮手，把好设备订货合同中技术标准、质量标准的审查关。审查投标单位的设备供货能力，做好资格预审工作。

(2)参加对设备供货制造厂商或投标单位的考察，提出建议，与建设单位一起得出考察结论。

(3)参加评标、定标会议，帮助建设单位进行综合比较和确定中标单位。评标时，对设备的制造质量、使用寿命、成本、维修的难易及备件的供应、安装调试和投标单位的生产管理、技术管理、质量管理、信誉等方面作出评价。

(4)协助建设单位向中标单位或设备供货厂商移交必要的技术文件。

第二节　设备制造的质量控制

一、设备制造质量控制的意义

设备的制造过程是形成设备实体并使之具备所需要的技术性能和使用价值的过程。设备的监造就是要督促和协调设备制造单位的工作，使制造出来的设备在技术性能和质量上全面符合订货的要求，使设备的交货时间和价格符合合同的规定，并为以后设备的运输、储存与安装调试打下良好的基础。

二、设备制造前的质量控制

(1)熟悉图纸、合同，掌握标准规范、规程，明确质量要求。熟悉和掌握设备制造图纸及有关技术说明和规范标准，掌握设计意图和各项设备制造的工艺规程要求及采购订货合同中有关设备制造的各项规定。为确保设备质量，对可能存在的问题要通过建设单位向设备设计单位提出意见和建议。

(2)明确设备制造过程的要求及质量标准。参加建设单位组织的设备制造图纸的设计交底或会审时，应进一步明确设备制造过程的要求及质量标准。对图纸中存在的差错或问题，通过建设单位向设计单位提出意见或建议。督促制造单位认真进行图纸核对，尤其是尺寸、公差、各种配合精度要及时进行技术澄清。

(3)审查设备制造的工艺方案。设备制造单位必须根据设备制造图纸和技术文件的要求，采用先进合理并适合制造单位实际的工艺技术与流程，运用科学管理的方法，将加工设备、工艺装备、操作技术、检测手段和材料、能源、劳动力等合理地组织起来，为设备制造做好生产技术准备。

(4)对设备制造分包单位的审查。对设备制造过程中的分包单位，总监理工程师应严格审查其资质情况、分包的范围和内容。对分包单位的实际生产能力和质量管理体系，试验、检验手段及资质符合要求情况应予以确认。

(5)检验计划和检验要求的审查。审查内容包括设备制造各阶段的检验部位、内容、方法、标准及检测手段、检测设备和仪器制造厂的试验室资质、管理制度，符合要求后予以确认。

(6)对生产人员上岗资格的检查。对设备制造的生产人员是否具有相应的技术操作证书、技术水平进行检查，符合要求的人员方可上岗，尤其是一些特殊作业工种，如电焊工、模具钳工、装配钳工、专用设备(如靠模铣床、仿形铣床、立式车床、数控车床等)的操作人员。

(7)用料的检查。对设备制造过程中使用的原材料、外购配套件、元器件、标准件、坯料的材质证明书和合格证书等质量证明文件，以及制造厂自检的检验报告进行审查，并对外购器件、外协作加工件和材料进行质量验收，符合规定后予以签认。

三、设备制造过程的质量控制

设备制造过程的质量控制是设备制造质量控制的重点，设备制造过程涉及一系列不同的工序工艺作业，以及不同加工制造工艺形成的工序产品、零件、半成品。

(一)设备制造过程的监控

1. 加工制造作业条件的控制

加工制造作业条件包括以下几个方面：

(1)作业开始前编制的工艺卡片、工艺流程、工艺要求。

(2)对操作者的技术交底。

(3)加工设备的完好情况及精度。

(4)加工制造车间的环境。

(5)生产调度安排、作业管理等。

2. 工序产品的控制

工序产品的控制包括以下几个方面：

(1)监督零件加工制造是否按工艺规程的规定进行。

(2)零件制造是否经检验合格后才转入下一道工序。

(3)主要及关键零件的材质和关键工序，以及它的检验是否严格执行图纸和工艺的规定。

同时，这种检查还要包括操作者自检与下道工序操作者的交检，车间或工厂质检科专业质检员的专业检查及监理工程师的抽检、复验或检查。

3. 零件、半成品、制成品的控制

监督设备制造单位对已合格的零部件做好储存、保管工作，防止其遭受污染、锈蚀及控制系统的失灵，避免配件、备件的遗失，做好零件入库和出库的管理(领用及登记等)。

(二)设备的装配过程质量控制

设备的试车和整机性能检测是设备制造质量的综合评定，是设备出厂前质量控制的重要检测阶段。

装配是指将合格的零件和外购配套件、元器件按设计图纸的要求和装配工艺的规定进行配合、定位与连接，将它们装配在一起并调整零件之间的关系，使之形成具有规定的技术性能的设备。

在整个装配过程中，应仔细检查配合面的配合质量、零部件的定位质量及连接质量、运动件的运动精度等是否符合设计要求及合同规定。如设备需进行出厂前的试车或整机性能检测，应组织专业人员参加设备的调整试车和整机性能检测，记录数据，验证设备是否达到合同规定的技术质量要求，是否符合设计和设备制造规程的规定。

(三)设备出厂的质量控制

1. 出厂前的检查

为了防止零件锈蚀、使设备美观协调及为满足其他方面的要求，设备制造单位必须对零件和设备涂防锈油脂或涂装漆，此项工作也常穿插在零件制造和装配中进行。

在设备运往现场前，应按设计要求检查设备制造单位对待运设备采取的防护和包装措施，并应检查是否符合运输、装卸、储存、安装的要求，以及相关的随机文件、装箱单和附件是否齐全，符合要求后方可出厂。

2. 设备运输的质量控制

为保证设备的质量，制造单位在设备运输前应做好包装工作并制定合理的运输方案。设备运输中重点环节的控制如下：

(1)检查整个运输过程是否按审批后的运输方案执行，督促运输措施的落实。

(2)监督主要设备和进口设备的装卸工作并做好记录，发现问题应及时提出并会同有关单位做好文件签署手续。

(3)检查运输过程中设备储存场所的环境和储存条件是否符合要求，督促设备保管部门定期检查和维护储存的设备。

(4)在装卸、运输、储存过程中，检查是否根据包装标志的示意及存放要求进行处理。

(四)质量记录资料的监控

质量记录资料包括：质量管理资料，设备制造依据，制造过程的检查、验收资料，设备制造原材料、构配件的质量资料。

1. 质量管理检查资料

制作单位质量管理检查资料包括：质量管理制度、质量责任制、试验检验制度，试验、检测仪器设备质量证明资料，特殊工种、试验检测人员的上岗证书，分包制造单位的资质及总制造单位的管理制度，原材料进场复验检查规定，零件、外购部件进场检查制度。

2. 设备制造依据

设备制造依据包括：制造检验技术标准、设计图审查记录、制造图、零件图、装配图、工艺流程图、工艺设备设计及制造资料，主要及关键部件检验工艺设计和专用检测工具设计制造资料。

3. 设备制造材料的质量记录

设备制造材料的质量记录包括原材料进厂合格资料、进厂后材料理化性能检测复验报告、外购零部件的质量证明资料。

4. 零部件加工检查验收资料

零部件加工检查验收资料包括：工序交接检查验收记录，焊接探伤检测报告，监理工程师检查验收资料，设备试装、试拼记录，整机性能检测资料，设计变更记录，不合格零配件处理返修记录。

5. 质量记录资料的要求

质量记录资料要真实、齐全，相关人员的签字应齐备，结论要准确；质量资料要与制造过程同步；组卷、归档要符合接收及安装单位的规定。

四、设备监造的质量控制方式

设备监造是指具有资质的监理单位依据委托监理合同和设备订货合同对设备制造过程进行的监督活动。设备监造的质量控制方式主要有驻厂监控、巡回监控和设置质量控制点监控等。

1. 驻厂监控

驻厂监控时，监造人员直接到设备制造厂的制造现场，成立相应的监造小组，编制监造规划，实施设备制造全过程的质量监控。驻厂监控人员应及时了解设备制造过程中质量的真实情况，审批设备制造工艺方案，实施过程控制，进行质量检查与控制，对设备最后出厂签署相应的质量文件。

2. 巡回监控

质量控制的主要任务是监督制造厂商不断完善质量管理体系，监督检查材料进厂使用的质量控制标准、工艺过程、半成品的质量控制，复核专职质检人员质量检验的准确性、可靠性。巡回监控时，当设备制造进入某一特定部位或阶段时，监控人员应根据设备制造计划及生产工艺安排，对完成的零件、半成品的质量进行复核性检验，参加整机装配及整机出厂前的检查验收，检查设备包装、运输的质量。在设备制造过程中，监控人员要定期或不定期地到制造现场，检查了解设备制造过程的质量状况，发现问题及时处理。

3. 设置质量控制点监控

质量控制点应设置在对设备制造质量有明显影响的特殊工序或关键工序处，是针对设备的主要部件、关键部件、加工制造的薄弱环节及易产生质量缺陷的工艺过程。施工质量控制点设置的相关内容已在第四章介绍过，这里不再叙述。下面仅介绍设备的质量控制点的设置，具体如下：

(1)设备制造图纸的复核。

(2)制造工艺流程安排、加工设备精度的审查。

(3)原材料、外购配件、零部件的进厂及出库，使用前的检查。

(4)零部件及半成品的检查设备、检查方法、采用的标准，试验人员的岗位职责及技术水平。

(5)专职质检人员、试验人员、操作人员的上岗资格。

(6)工序交接见证点。

(7)成品零件的标识入库、出库管理。

(8)零部件的现场装配。

(9)出厂前整机性能检测(或预拼装)。

(10)出厂前装箱的检查确认。

第三节　设备安装的质量控制

一、设备的检验要求

设备质量是设备安装质量的前提，设备的检查验收包括供货单位出厂前的自查检验及用户或安装单位在进入安装现场后的检查验收。设备进场时，要按设备的名称、型号、规格、数量按清单逐一检查验收，其检查的要求如下：

（1）对整机装运的新购设备，应进行运输质量及供货情况的检查。对有包装的设备，应检查包装是否受损；对无包装的设备，则可直接进行设备外观检查及附件、备品的清点。对进口设备，则要进行开箱全面检查。若发现设备有较大损伤，应做好详细记录或照相，并尽快与运输部门或供货厂家交涉处理。

（2）对解体装运的自组装设备，在对总成、部件及随机附件、备品进行外观检查后，应尽快组织工地组装并进行必要的检测试验。

关于保修期及索赔期的规定为：一般国产设备从发货日起 12～18 个月，进口设备从发货日起 6～12 个月，有合同规定者按合同执行。对进口设备，应力争在索赔期的上半年或迟至 9 个月内安装调试完毕，以争取 3～6 个月的时间进行生产检验，发现问题及时提出索赔。

（3）工地交货的机械设备，一般由制造厂在工地进行组装、调试和生产性试验，自检合格后才提请订货单位复验，待试验合格后，才能签署验收。

（4）调拨的旧设备的测试全部验收工作应在调出单位所在地进行，若测试不合格，则不装车发运。

（5）对于永久性或长期性的设备改造项目，应按原批准方案的性能要求，经一定的生产实践考验并鉴定合格后才予验收。

（6）对于自制设备，在经过 6 个月的生产考验后，按试验大纲的性能指标测试验收，决不允许擅自降低标准。

二、设备检验的质量控制

设备检验需要建设、设计、施工、安装、制造、监理等有关部门的参加。重要的、关键的大型设备，应由建设单位组织鉴定小组进行检验。一切随机的原始材料、自制设备的设计计算资料、图纸、测试记录、验收鉴定结论等应全部清点，整理归档。

（1）设备进入安装现场前，总承包单位或安装单位应向项目监理机构提交《工程材料/构配件/设备报审表》，同时，附有设备出厂合格证及技术说明书、质量检验证明、有关图纸及技术资料，经监理工程师审查，如符合要求则予以签认，设备方可进入安装现场。

（2）设备进场后，监理工程师应组织设备安装单位在规定时间内进行检查，此时供货方或设备制造单位应派人参加，按供货方提供的设备清单及技术说明书、相关质量控制资料进行检查验收，经检查确认合格，则验收人员签署验收单。如发现供货方质量控制资料有误，或实物与清单不符，或对质量文件资料的正确有怀疑，或设计文件及验收规程规定必须复验合格后才可安装，应由有关部门进行复验。

（3）如经检验发现设备质量不符合要求，则监理工程师拒绝签认，由供货方或制造单位予以更换或进行处理，合格后再进行检查验收。

（4）工地交货的大型设备，一般由厂方运至工地后组装、调整和试验，经自检合格后再由监理工程师组织复验，复验合格后才予以验收。

（5）进口设备的检查验收，应会同国家商检部门进行。

三、设备检验的方法

（1）设备开箱检查。设备出厂时要认真地包装，运到安装现场后，再将包装箱打开予以检查。对设备开箱检查时，建设单位和设计单位应派代表参加。设备开箱应按下列项目进行检查并做好记录：

1）箱号、箱数及包装情况。

2）设备的名称、型号和规格。

3）装箱清单、设备的技术文件、资料及专用工具。

4）设备有无缺损件，表面有无损坏和锈蚀等。

5）其他需要记录的情况。

在设备开箱检查中，设备及其零部件和专用工具均应妥善保管，不得使其变形、损坏、锈蚀、错乱和丢失。

（2）设备的专业检查。设备的开箱检查主要是检查外表，初步了解设备的完整程度，零部件、备品是否齐全；而对设备的性能、参数、运转情况的全面检验，则应根据设备类型的不同进行专项检验和测试，如承压设备的水压试验、气压试验和气密性试验。

（3）不合格设备的处理。大型或专用设备的检验及鉴定均有相应的规定，一般要经过试运转及一定时间的运行方能进行判断，有的则需要组成专门的验收小组或经权威部门鉴定。

一般通用或小型设备检验应注意以下几点：

1）出厂前装配不合格的设备，不得进行整机检验，应拆卸后找出原因并制定相应的方案后再进行装配。

2）整机检验不合格的设备不能出厂。由制造单位的相关部门进行分析研究，找出原因并提出处理方案，如是零部件原因，则应进行拆换；如是装配原因，则应重新进行装配。

3）进场验收不合格的设备不得安装，由供货单位或制造单位返修处理。

4）试车不合格的设备不得投入使用，由建设单位组织相关部门研究处理。

四、设备安装准备阶段的质量控制

设备安装应从设备开箱起，直至设备的空载试运转，必须带负荷才能试运转的应进行负荷试运转。在安装过程中要做好安装过程的质量监督与控制，对安装过程中的每一个分项工程、分部工程和单位工程进行质量检查验收。设备安装准备阶段的质量控制要点如下：

（1）审查安装单位提交的设备安装施工组织设计和安装施工方案。

（2）检查作业条件。其包括：运输道路、水、电、气、照明及消防设施；主要材料、机具及劳动力是否落实，土建施工是否已满足设备安装要求；安装工序中有恒温、恒湿、防震、防尘、防辐射要求时，是否有相应的保证措施；当气象条件不利时，是否有相应的措施。

(3)采用建筑结构作为起吊、搬运设备的承力点时，是否对结构的承载力进行了核算，是否征得设计单位的同意。

(4)设备安装中采用的各种计量和检测器具、仪器、仪表及设备是否符合计量规定(精度等级不得低于被检对象的精度等级)。

(5)检查安装单位的质量管理体系是否健全，督促其不断完善。

五、设备安装过程的质量控制

设备安装过程的质量控制主要包括设备基础检验，设备就位、调平与找正，设备的复查与二次灌浆等不同工序的质量控制。

1. 设备基础检验的质量控制

设备在安装就位前，安装单位应对设备基础进行检验，在其自检合格后，提请监理工程师进行检查，一般是检查基础的外形、几何尺寸、位置、混凝土强度等项。对大型设备基础，应审核土建部门提供的预压及沉降观测记录。如无沉降记录，应进行基础预压，以免设备在安装后出现基础下沉和倾斜。

监理工程师对设备基础检查验收时还应注意以下几点：

(1)所在基础表面的模板、地脚螺栓、固定架及露出基础外的钢筋等必须拆除；基础表面及地脚螺栓预留孔内的油污、碎石、泥土以及杂物、积水等，应全部清除干净；预埋地脚螺栓的螺纹和螺母应保护完好，放置垫铁部位的表面应凿平。

(2)预埋件的数量和位置要正确。对不符合要求的质量问题，应指令承包单位立即进行处理，直至检验合格。

2. 设备就位、调平与找正的质量控制

首先，要正确地找出并画定设备安装的基准线；然后，根据基准线将设备安放到正确位置上，统称就位。这个"位置"是指平面的纵向、横向位置和标高。质量控制就是对安装单位的测量结果进行复核，并检查其测量位置是否符合要求。另外，还应注意，设备就位应平稳，防止摇晃、位移；对于重心较高的设备，应要求安装单位采取措施，预防失稳倾覆。

设备调平、找正分设备找正、设备初平及设备精平三步。设备调平、找正时，需要有相应的基准面和测点。安装单位所选择的测点应有足够的代表性(能代表其所在的测面和线)，且数量不宜太多，以保证调整的效率；选择的测点数应保证安装的最小误差。一般情况下，对于刚性较大的设备，测点数可较少；对于易变形的设备，测点数应适当增多。要对安装单位选择的测点进行检查及确认，对设备调平、找正使用的工具、量具的精度进行审核，以保证精度满足质量要求。

对安装单位进行设备初平、精平的方法进行审核或复验(如安装水平度的检测、垂直度的检测、直线度的检测、平面度的检测、平行度的检测、同轴度的检测、跳动的检测、对称度的检测等),以保证设备调平、找正达到规范的要求。

3. 设备的复查与二次灌浆的质量控制

每台设备在安装定位、调平找正以后,安装单位要进行严格的复查工作,使设备的标高、中心和水平及螺栓调整垫铁的紧度完全符合技术要求,并将实测结果记录在质量表格中。安装单位经自检确认符合安装技术标准后,应提请监理工程师进行检验,经监理工程师检查合格后,安装单位方可进行二次灌浆工作。

六、设备试运行的质量控制

一般中、小型单体设备(如机械加工设备),可只进行单机试车即交付生产。对复杂、大型的机组及生产作业线等,特别是化工、石油、冶金、化纤、电力等连续生产的企业,必须进行单机、联动、投料等试车阶段。

试运行一般可分为准备工作、单机试车、联动试车、投料试车和试生产五个阶段来进行。前一阶段试车是后一阶段试车的准备;后一阶段试车必须在前一阶段试车完成后才能进行。

大型项目设备试运行的顺序要根据安装施工的情况确定,一般是公用工程的各个项目先试车,然后对产品生产系统的各个装置进行试车。在试运行中,应坚持下述步骤:

(1)从无负荷到有负荷。

(2)由部件到组件,由组件到单机,由单机到机组。

(3)分系统进行,先主动系统后从动系统。

(4)先低速,逐级增至高速。

(5)首先手控运转,然后遥控运转,最后自控运转。

本章小结

设备可采取市场采购、向制造厂商订货或招标采购等方式进行采购,采购过程中的质量控制主要是采购方案的审查及其工作计划中质量要求的确定。设备的制造过程是形成设备实体并使之具备所需要的技术性能和使用价值的过程。制造过程的质量控制是设备制造质量控制的重点,制造过程涉及一系列不同的工序工艺作业,以及不同加工制造工艺形成的工序产品、零件、半成品。设备监造是指具有资质的监理单位依据委托监理合同和设备订货合同对设备制造过程进行的监督活动。设备监造的质量控制方式主要有驻厂监控、巡回监控和设置质量控制点监控等。设备安装过程的质量控制主要包括设备基础检验,设备就位、调平与找正,设备的复查与二次灌浆等不同工序的质量控制。

一、填空题

1. 设备招标采购一般用于_____和_____的采购。

2. _____和_____是设备制造质量的综合评定,是设备出厂前质量控制的重要检测阶段。

3. 设备调平、找正分_____、_____及_____三步。

二、选择题

1. 下列关于设备采购方案编制的描述,错误的是( )。

    A. 设备采购方案不需要明确设备采购的原则

    B. 设备由建设单位直接采购的,项目监理机构要协助编制设备采购方案

    C. 设备由总承包单位或设备安装单位采购的,项目监理机构要对总承包单位或安装单位编制的采购方案进行审查

    D. 设备采购方案要根据建设项目的总体计划和相关设计文件的要求编制

2. 向制造厂商订货设备质量控制工作的首要环节是( )。

    A. 选择一个合格的供应商

    B. 编制设备采购方案

    C. 审查设备采购方案

    D. 了解设备的技术要求、市场供货情况

3. 对于自制设备,在经过( )个月的生产考验后,按试验大纲的性能指标测试验收,决不允许擅自降低标准。

    A. 5   B. 6   C. 7   D. 8

三、问答题

1. 设备采购的原则是什么?

2. 招标采购设备的质量控制应注意哪些问题?

3. 设备加工制造作业的条件是什么?

4. 如何进行设备运输的质量控制?

5. 如何进行设备开箱检查?

第六章 工程施工质量验收控制及工程保修阶段质量控制

 学习目标

了解工程质量验收的概念、相关术语及工程保修的范围、期限，熟悉工程质量验收的划分、工程质量验收程序及施工单位的保修义务，掌握工程质量验收及工程保修阶段的质量控制。

 能力目标

通过本章内容的学习，能够按要求和标准进行质量验收阶段与工程保修阶段的质量控制。

第一节 工程施工质量验收控制

一、工程施工质量验收的概念及相关术语

工程施工质量验收是建设成果转入生产使用的标志，也是全面考核建设成果的重要环节。关于工程施工质量验收，国外有不同的定义，我国关于工程施工质量验收的概念是：由建设单位、施工单位和项目验收委员会，以项目批准的设计任务书和设计文件（如施工图），以及国家（或部门）颁发的施工验收规范和质量检验标准为依据，按照一定的程序和手续，在项目建成并试生产合格后（工业生产性项目），对项目的质量总体进行检验和认证（综合评价、鉴定）的活动。

1. 验收

建筑工程质量在施工单位自行检查合格的基础上，由工程施工质量验收责任方组织，

工程建设相关单位参加，对检验批，分项、分部、单位工程及其隐蔽工程的质量进行抽样检验，对技术文件进行审核，并根据设计文件和相关标准以书面形式对工程施工质量是否合格作出确认。

2. 检验批

检验批是按相同的生产条件或按规定的方式汇总起来供抽样检验用的，由一定数量样本组成的检验体。

3. 检验

检验是对被检验项目的特征、性能进行量测、检查、试验等，并将结果与标准规定的要求进行比较，以确定项目的每项性能是否合格的活动。

4. 主控项目

主控项目是建筑工程中对安全、节能、环境保护和主要使用功能起决定性作用的检验项目。

5. 一般项目

一般项目是除主控项目外的检验项目。

6. 观感质量

观感质量是通过观察和必要的测试所反映的工程外在质量和功能状态。

7. 返修

返修是对施工质量不符合标准规定的部位所采取的整修等措施。

8. 返工

返工是对施工质量不符合标准规定的部位所采取的更换、重新制作、重新施工等措施。

二、工程施工质量验收的划分

工程施工质量验收涉及建筑工程施工过程控制和竣工验收控制，合理划分工程施工质量验收的层次非常必要。特别是不同专业工程的验收批如何确定，将直接影响工程施工质量验收工作的科学性、经济性、实用性及可操作性，通过验收批和中间验收层次及最终验收单位的确定，实施对工程施工质量的过程控制和终端把握，确保工程施工质量达到工程项目决策阶段所确定的质量目标和水平。

工程施工质量验收应划分为单位工程、分部工程、分项工程和检验批。

（1）单位工程应按下列原则划分：

1）具备独立施工条件并能形成独立使用功能的建筑物或构筑物为一个单位工程；

2）对于规模较大的单位工程，可将能形成独立使用功能的部分划分为一个子单位工程。

建筑工程施工质量
验收统一标准

（2）分部工程应按下列原则划分：

1）可按专业性质、工程部位确定；

2）当分部工程较大或较复杂时，可按材料种类、施工特点、施工程序、专业系统及类别将分部工程划分为若干子分部工程。

（3）分项工程可按主要工种、材料、施工工艺、设备类别进行划分。

（4）检验批可根据施工、质量控制和专业验收的需要，按工程量、楼层、施工段、变形缝进行划分。

（5）建筑工程的分部分项工程的划分宜按表6-1采用。

表 6-1 建筑工程的分部、分项工程的划分

序号	分部工程	子分部工程	分项工程
1	地基与基础	地基	素土、灰土地基、砂和砂石地基、土工合成材料地基、粉煤灰地基、强夯地基、注浆地基、预压地基、砂石桩复合地基、高压旋喷注浆地基、水泥土搅拌桩地基、土和灰土挤密桩复合地基、水泥粉煤灰碎石桩复合地基、夯实水泥土桩复合地基
		基础	无筋扩展基础、钢筋混凝土扩展基础、筏形与箱形基础、钢结构基础、钢管混凝土结构基础、型钢混凝土结构基础、钢筋混凝土预制桩基础、泥浆护壁成孔灌注桩基础、沉管灌注桩基础、钢桩基础、锚杆静压桩基础、岩石锚杆基础、沉井与沉箱基础
		基坑支护	灌注桩排桩围护墙、板桩围护墙、咬合桩围护墙、型钢水泥搅拌墙、土钉墙、地下连续墙、水泥土重力式挡墙、内支撑、锚杆、与主体结构相结合的基坑支护
		地下水控制	降水与排水、回灌
		土方	土方开挖、土方回填、场地平整
		边坡	喷锚支护、挡土墙、边坡开挖
		地下防水	主体结构防水、细部构造防水、特殊施工法结构防水、排水、注浆
2	主体结构	混凝土结构	模板、钢筋、混凝土、预应力、现浇结构、装配式结构
		砌体结构	砖砌体、混凝土小型空心砌块砌体、石砌体、配筋砌体、填充墙砌体
		钢结构	钢结构焊接、紧固件连接、钢零部件加工、钢构件组装机预拼装、单层钢结构安装、多层及高层钢结构安装、钢管结构安装、预应力钢索和膜结构、压型金属板、防腐涂料涂装、防火涂料涂装
		钢管混凝土结构	构件现场拼装、构件安装、钢管焊接、构件连接、钢管内钢筋骨架、混凝土
		型钢混凝土结构	型钢焊接、紧固件连接、型钢与钢筋连接、型钢构件组装及预拼装、型钢安装、模板、混凝土
		铝合金结构	铝合金焊接、紧固件连接、铝合金零部件加工、铝合金构件组装、铝合金构件预拼装、铝合金框架结构安装、铝合金空间网络结构安装、铝合金面板、铝合金幕墙结构安装、防腐处理
		木结构	方木与原木结构、胶合木结构、轻型木结构、木结构的防护
3	建筑装饰装修	建筑地面	基层铺设、整体面层铺设、板块面层铺设、木、竹面层铺设
		抹灰	一般抹灰、保温层薄抹灰、装饰抹灰、清水砌体勾缝
		外墙防水	外墙砂浆防水、涂膜防水、透气膜防水
		门窗	木门窗安装、金属门窗安装、塑料门窗安装、特种门安装、门窗玻璃安装
		吊顶	整体面层吊顶、板块面层吊顶、格栅吊顶

序号	分部工程	子分部工程	分项工程
3	建筑装饰装修	轻质隔墙	板材隔墙、骨架隔墙、活动隔墙、玻璃隔墙
		饰面板	石板安装、陶瓷板安装、木板安装、金属板安装、塑料板安装
		饰面砖	外墙饰面砖粘贴、内墙饰面砖粘贴
		幕墙	玻璃幕墙安装、金属幕墙安装、石材幕墙安装、陶板幕墙安装
		涂饰	水性涂料涂饰、溶剂型涂料涂饰、美术涂饰
		裱糊与软包	裱糊、软包
		细部	橱柜制作与安装、窗帘盒和窗台板制作与安装、门窗套制作与安装、护栏和扶手制作与安装、花饰制作与安装
4	屋面	基层与保护	找坡层和找平层、隔汽层、隔离层、保护层
		保温与隔热	板状材料保温层、纤维材料保温层、喷涂硬泡聚氨酯保温层、现浇泡沫混凝土保温层、种植隔热层、架空隔热层、蓄水隔热层
		防水与密封	卷材防水层、涂膜防水层、复合防水层、接缝密封防水层
		瓦面与板面	烧结瓦和混凝土瓦铺装、沥青瓦铺装、金属板铺装、玻璃采光顶铺装
		细部构造	檐口、檐沟和天沟、女儿墙和山墙、水落口、变形缝、伸出屋面管道、屋面出入口、反梁过水孔、设施基座、屋脊、屋顶窗
5	建筑给排水及供暖	室内给水系统	给水管道及配件安装，给水设备安装，室内消火栓系统安装，消防喷淋系统安装，防腐，绝热，管道冲洗、消毒，试验与调试
		室内排水系统	排水管道及配件安装、雨水管道及配件安装、防腐、试验与调试
		室内热水系统	管道及配件安装、辅助设备安装、防腐、绝热、试验与调试
		卫生器具	卫生器具安装、卫生器具给水配件安装、卫生器具排水管道安装、试验与调试
		室内供暖系统	管道及配件安装、辅助设备安装、散热器安装、低温热水地板辐射供暖系统安装、电加热供暖系统安装、燃气红外隔热供暖系统安装、热风供暖系统安装、热计量及调控装置安装、试验与调试、防腐、绝热
		室外给水管网	给水管道安装、室外消火栓系统安装、试验与调试
		室外排水管网	排水管道安装、排水管沟与井池、试验与调试
		室外供热管网	管道及配件安装、系统水压试验、土建结构、防腐、绝热、试验与调试
		建筑饮用水供应系统	管道及配件安装，水处理设备及控制设施安装、防腐、绝热、试验与调试
		建筑中水系统及雨水利用系统	建筑中水系统、雨水利用系统管道及配件安装，水处理设备及控制设施安装、防腐、绝热、试验与调试
		游泳池及公共浴池水系统	管道及配件系统安装、水处理设备及控制设施安装、防腐、绝热、试验与调试
		水景喷泉系统	管道系统及配件安装，防腐，绝热，试验与调试
		热源及辅助设备	锅炉安装、辅助设备及管道安装、安全附件安装、换热站安装、防腐、绝热、试验与调试
		监测与控制仪表	检测仪器及仪表安装、试验与调试

序号	分部工程	子分部工程	分项工程
6	通风与空调	送风系统	风管与配件制作，部件制作，风管系统安装，风机与空气处理设备安装，风管与设备防腐，旋流风口、岗位送风口、织物(布)风管安装，系统调试
		排风系统	风管与配件制作，部件制作，风管系统安装，风机与空气处理设备安装，风管与设备防腐，吸风罩及其他空气处理设备安装，厨房、卫生间排风系统安装，系统调试
		防排烟系统	风管与配件制作，部件制作，风管系统安装，风机与空气处理设备安装，风管与设备防腐，排烟风阀(口)、常闭正压口、防火风管安装，系统调试
		除尘系统	风管与配件制作、部件制作、风管系统安装、风机与空气处理设备安装、风管与设备防腐、除尘器与排污设备安装、吸尘罩安装、高温风管绝热、系统调试
		舒适性空调系统	风管与配件制作，部件制作，风管系统安装，风机与空气处理设备安装，风管与设备防腐，组合式空调机组安装，消声器、静电除尘器、换热器、紫外线灭菌器等设备安装，风机盘管、变风量与定风量送风装置、射流喷口等末端设备安装，风管与设备绝热，系统调试
		恒温恒湿空调系统	风管与配件制作，部件制作，风管系统安装，风机与空气处理设备安装，风管与设备防腐，组合式空调机组安装，电加热器、加湿器等设备安装，精密空调机组安装，风管与设备绝热，系统调试
		净化空调系统	风管与配件制作，部件制作，风管系统安装，风机与空气处理设备安装，风管与设备防腐，净化空调机组安装，消声器、静电除尘器、换热器、紫外线灭菌器等设备安装，中、高效过滤器及风机过滤器单元等末端设备清洗与安装，洁净度测试，风管与设备绝热，系统调试
		地下人防通风系统	风管与配件制作，部件制作，风管系统安装，风机与空气处理设备安装，风管与设备防腐，过滤吸收器、防爆波活门、防爆超压排气活门等专用设备安装，系统调试
		真空吸尘系统	风管与配件制作、部件制作、风管系统安装、风机与空气处理设备安装、风管与设备防腐、管道安装、快速接口安装、风机与滤尘设备安装、系统压力试验及调试
		冷凝水系统	管道系统及部件安装，水泵及附属设备安装，管道冲洗，管道、设备防腐，板式热交换器、辐射板及辐射供热、供冷地埋管，热泵机组设备安装，管道、设备绝热，系统压力试验及调试
		空调(冷、热)水系统	管道系统及部件安装，水泵及附属设备安装，管道冲洗，管道、设备防腐，冷却塔与水处理设备安装，防冻伴热设备安装，管道、设备绝热，系统压力试验及调试
		冷却水系统	管道系统及部件安装，水泵及附属设备安装，管道冲洗，管道、设备防腐，系统灌水渗漏及排放试验，管道、设备绝热
		土壤源热泵换热系统	管道系统及部件安装，水泵及附属设备安装，管道冲洗，管道、设备防腐，埋地换热系统与管网安装，管道、设备绝热，系统压力试验及调试
		水源热泵换热系统	管道系统及部件安装，水泵及附属设备安装，管道冲洗，管道、设备防腐，地表水源换热管及管网安装，除垢设备安装，管道、设备绝热，系统压力试验及调试
		蓄能系统	管道系统及部件安装，水泵及附属设备安装，管道冲洗，管道、设备防腐，蓄水罐与蓄冰槽、罐安装，管道、设备绝热，系统压力试验及调试
		压缩式制冷(热)设备系统	制冷机组及附属设备安装，管道、设备防腐，制冷剂管道及部件安装，制冷剂灌注，管道、设备绝热，系统压力试验及调试
		吸收式制冷设备系统	制冷机组及附属设备安装，管道、设备防腐，系统真空试验，溴化锂溶液加罐，蒸汽管道系统安装，燃气或燃油设备安装，管道、设备绝热，试验及调试
		多联机(热泵)空调系统	室外机组安装、室内机组安装、制冷剂管路连接及控制开关安装、风管安装、冷凝水管道安装、制冷剂灌注、系统压力试验及调试
		太阳能供暖空调系统	太阳能集热器安装，其他辅助能源、换热设备安装，蓄能水箱、管道及配件安装，防腐、绝热，低温热水地板辐射采暖系统安装，系统压力试验及调试
		设备自控系统	温度、压力与流量传感器安装，执行结构安装调试，防排烟系统功能测试，自动控制及系统智能控制软件调试

序号	分部工程	子分部工程	分项工程
7	建筑电气	室外电气	变压器、箱式变电所安装，成套配电柜、控制柜(屏、台)和动力、照明配电箱(盘)及控制柜安装，梯架、支架、托盘和槽盒安装，导管敷设，电缆敷设，管内穿线和槽盒内敷线，电缆头制作、导线连接和线路绝缘测试，普通灯具安装，专用灯具安装，建筑照明通电试运行，接地装置安装
		变配电室	变压器、箱式变电所安装，成套配电柜、控制柜(屏、台)和动力、照明配电箱(盘)安装，母线槽安装，梯架、支架、托盘和槽盒安装，电缆敷设，电缆头制作、导线连接和线路绝缘测试，接地装置安装，接地干线敷设
		供电干线	电气设备试验和试运行，母线槽安装，梯架、支架、托盘和槽盒安装，导管敷设，电缆敷设，管内穿线和槽盒内敷线，电缆头制作、导线连接和线路绝缘测试，接地干线敷设
		电气动力	成套配电柜、控制柜(屏、台)和动力配电箱(盘)安装，电动机、电加热器及电动执行机构检查接线，电器设备试验和试运行，梯架、支架、托盘和槽盒安装，导管敷设，电缆敷设，管内穿线和槽盒内敷线，电缆头制作、导线连接和线路绝缘测试
		电气照明	成套配电柜、控制柜(屏、台)和照明配电箱(盘)安装，梯架、支架、托盘和槽盒安装，导管敷设，管内穿线和槽盒内敷线，塑料护套线直敷布线，钢索配线，电缆头制作、导线连接和线路绝缘测试，普通灯具安装，专用灯具安装，开关、插座、风扇安装，建筑照明通电试运行
		备用和不间断电源	成套配电柜、控制柜(屏、台)和动力、照明配电箱(盘)安装，柴油发电机组安装，不间断电源装置及应急电源装置安装，母线槽安装，导管敷设，电缆敷设，管内穿线和槽盒内敷线，电缆头制作、导线连接和线路绝缘测试，接地装置安装
		防雷及接地	接地装置安装、防雷引下线及接闪器安装、建筑物等电位联结、浪涌保护器安装
8	智能建筑	智能化集成系统	设备安装、软件安装、接口及系统调试、试运行
		信息接入系统	安装场地检查
		用户电话交换系统	线缆敷设、设置安装、软件安装、接口及系统调试、试运行
		信息网络系统	计算机网络设备安装、计算机网络软件安装、网络安全设备安装、网络安全软件安装、系统调试、试运行
		综合布线系统	梯架、托盘、槽盒和导管安装，线缆敷设机柜、机架、配线架安装，信息插座安装，链路或信道测试，软件安装，系统调试，试运行
		移动通信室内信号覆盖系统	安装场地检查
		卫星通信系统	安装场地检查
		有线电视及卫星电视接收系统	梯架、托盘、槽盒和导管安装，线缆敷设，设备安装，软件安装，系统调试，试运行

序号	分部工程	子分部工程	分项工程
8	智能建筑	公共广播系统及会议系统	梯架、托盘、槽盒和导管安装，线缆敷设，设备安装，软件安装，系统调试，试运行
			梯架、托盘、槽盒和导管安装，线缆敷设，设备安装，软件安装，系统调试，试运行
		信息导引及发布系统	梯架、托盘、槽盒和导管安装，线缆敷设，显示设备安装，机房设备安装，软件安装，系统调试，试运行
		时钟系统	梯架、托盘、槽盒和导管安装，线缆敷设，设备安装，软件安装，系统调试，试运行
		信息化应用系统	梯架、托盘、槽盒和导管安装，线缆敷设，设备安装，软件安装，系统调试，试运行
		建筑设备监控系统	梯架、托盘、槽盒和导管安装，线缆敷设，传感器安装，执行器安装，控制器、箱安装，中央管理工作站和操作分站设备安装，软件安装，系统调试，试运行
		火灾自动报警系统	梯架、托盘、槽盒和导管安装，线缆敷设，探测器类设备安装，其他设备安装，软件安装，系统调试，试运行
		安全技术防范系统	梯架、托盘、槽盒和导管安装，线缆敷设，设备安装，软件安装，系统调试，试运行
		应急响应系统	设备安装、软件安装、系统调试、试运行
		机房	供配电系统、防雷与接地系统、空气调节系统、给水排水系统、综合布线系统、监控与安全防范系统、消防系统、室内装饰装修、电磁屏蔽、系统调试、试运行
		防雷与接地	接地装置、接地线、等电位联结、屏蔽设施、电涌保护器、线缆敷设、系统调试、试运行
9	建筑节能	维护系统节能	墙体节能、幕墙节能、门窗节能、屋面节能、地面节能
		供暖空调设备及管网节能	供暖节能、通风与空调设备节能、空调与供暖系统冷热源节能、空调与供暖系统管网节能
		电气动力节能	配电节能、照明节能
		监控系统节能	监测系统节能、控制系统节能
		可再生能源	地源热泵系统节能、太阳能光热系统节能、太阳能光伏节能
10	电梯	电力驱动的曳引式或强制式电梯	设备进场验收、土建交接检验、驱动主机、导轨、门系统、轿厢、对重、安全部件、悬挂装置、随行电缆、补偿装置、电气装置、整机安装验收
		液压电梯	设备进场验收、土建交接检验、液压系统、导轨、门系统、轿厢、对重、安全部件、悬挂装置、随行电缆、电气装置、整机安装验收
		自动扶梯、自动人行道	设备进场验收、土建交接检验、整机安装验收

(6)施工前，应由施工单位制定分项工程和检验批的划分方案，并由监理单位审核。对于表6-1及相关验收规范未涵盖的分项工程和检验批，可由建设单位组织监理、施工等单位协商确定。

(7)室外工程可根据专业类别和工程规模按表6-2的规定划分子单位工程、分部工程和分项工程。

表 6-2 室外工程的划分

单位工程	子单位工程	分部工程
室外设施	道路	路基、基层、面层、广场与停车场、人行道、人行地道、挡土墙、附属构筑物
	边坡	土石方、挡土墙
附属建筑及室外环境	附属建筑	车棚、围墙、大门、支护
	室外环境	建筑小品、亭台、水景、连廊、花坛、场坪绿化、景观桥

三、工程施工质量验收的依据与要求

1. 工程施工质量验收的依据

(1)《建筑工程施工质量验收统一标准》(GB 50300—2013)和相关专业验收规范。建筑工程施工质量验收应依据《建筑工程施工质量验收统一标准》(GB 50300—2013)和专业验收规范所规定的程序、方法、内容和质量标准进行。检验批、分项工程的施工质量验收应符合专业验收规范的要求,并应符合《建筑工程施工质量验收统一标准》(GB 50300—2013)的规定;单位工程的施工质量验收也应符合《建筑工程施工质量验收统一标准》(GB 50300—2013)的规定。

(2)工程勘察、设计文件和设计变更。工程勘察、设计文件和设计变更是施工的依据,同时也是验收的依据。施工图设计文件应经过审查,取得施工图设计文件审查批准书。施工单位应当严格按图施工,不得擅自变更或不按图样要求施工。如有变更,应有设计单位同意变更的书面(文字或变更图)文件。

(3)工程质量管理各阶段的验收记录。验收记录包括施工单位为了加强施工过程质量的管理而采取的各种有效措施的记录、工序交接自检验收记录以及相关施工技术管理资料。同时,也包括建设监理单位在工程建设各阶段的施工质量验收记录。

2. 工程施工质量验收的要求

(1)凡在中华人民共和国境内新建、改建、扩建的各类房屋建筑工程和市政基础设施工程的竣工验收,均应按有关规定进行。

(2)国务院住房城乡建设主管部门和有关专业部门负责全国工程竣工验收的监督管理工作;县级以上地方人民政府住房城乡建设主管部门负责本行政区域内工程竣工验收的监督管理工作。

(3)施工单位在完成工程设计和合同约定的各项内容后,应对工程施工质量进行检查,确认工程施工质量符合有关法律、法规和工程建设强制性标准,符合设计文件及合同要求,并向建设单位提出工程竣工报告,申请竣工验收。实行监理的工程,工程竣工报告需经总监理工程师签署意见。

(4)建设单位收到工程竣工报告后,对符合竣工验收要求的工程,组织勘察、设计、施工、监理等单位和其他有关方面的专家组成验收组,对工程施工质量和各管理环节等方面作出全面评价。

(5)负责监督该工程的工程质量监督机构应当对工程竣工验收的组织形式、验收程序、执行验收标准等情况进行现场监督,发现有违反建设工程质量管理监督规定行为的,责令改正,并将对工程竣工验收的监督情况作为工程监督报告的重要内容。

四、工程施工质量验收程序和标准

为了方便建筑工程的质量管理，根据工程特点，将工程划分为检验批，分项、分部(子分部)和单位(子单位)工程。工程施工质量的验收均应在施工单位自行检查评定的基础上，按施工的顺序进行：检验批→分项工程→分部(子分部)工程→单位(子单位)工程。

1. 检验批施工质量验收

检验批施工质量应符合下列规定：

(1)主控项目的施工质量抽样检验均应合格；

(2)一般项目的施工质量经抽样检验合格，当采用计数抽样时，合格点率应符合有关专业验收规范的规定，且不得存在严重缺陷；

(3)具有完整的施工操作依据、质量验收记录。

2. 分项工程施工质量验收

分项工程施工质量应符合下列规定：

(1)所含检验批的施工质量均应验收合格；

(2)所含检验批的施工质量验收记录应完整。

3. 分部工程施工质量验收

分部工程施工质量应符合下列规定：

(1)所含分项工程的施工质量均应验收合格；

(2)质量控制资料应完整；

(3)有关安全、节能、环境保护和主要使用功能的抽样检验结构应符合相应规定；

(4)观感质量应符合要求。

4. 单位工程施工质量验收

单位工程施工质量应符合下列规定：

(1)所含分部工程的施工质量均应验收合格；

(2)质量控制资料应完整；

(3)所含分部工程中有关安全、节能、环境保护和主要使用功能的检验资料应完整；

(4)主要使用功能的抽查结果应符合相关专业验收规范的规定；

(5)观感质量应符合要求。

5. 验收不合格的处理

当建筑工程施工质量不符合要求时，应按下列规定进行处理：

(1)经返工或返修的检验批，应重新进行验收；

(2)经有资质的检测机构检测鉴定能够达到设计要求的检验批，应予以验收；

(3)经有资质的检测机构检测鉴定达不到设计要求，但经原设计单位核算认可能够满足安全和使用功能的检验批，可予以验收；

(4)经返修或加固处理的分项、分部工程，满足安全及使用功能要求时，可按技术处理方案和协商文件的要求予以验收。

五、工程竣工验收质量控制

1. 工程竣工验收的依据

工程竣工验收是指承包人按施工合同完成了工程项目的全部任务，经检验合格，由发承包人组织验收的过程。工程项目的交工主体应是合同当事人的承包主体。验收主体应是合同当事人的发包主体，其他项目参与人则是项目竣工验收的相关组织。工程项目竣工验收的主要依据包括以下几个方面：

(1)上级主管部门对该项目批准的各种文件。上级主管部门对该项目批准的各种文件包括可行性研究报告、初步设计，以及与项目建设有关的各种文件。

(2)工程设计文件。工程设计文件包括施工图纸及说明、设备技术说明书等。

(3)国家颁布的各种标准和规范。国家颁布的各种标准和规范，包括现行的工程施工质量验收规范等。

(4)合同文件。合同文件包括施工承包的工作内容和应达到的标准，以及施工过程中的设计修改变更通知书等。

2. 工程竣工验收的条件

工程项目必须达到以下基本条件，才能组织竣工验收：

(1)建设项目按照工程合同规定和设计图纸要求已全部施工完毕，达到国家规定的质量标准，能够满足生产和使用的要求。

(2)交工工程达到窗明地净、水通灯亮及采暖通风设备正常运转。

(3)主要工艺设备已安装配套，经联动负荷试车合格，构成生产线，形成生产能力，能够生产出设计文件所规定的产品。

(4)职工公寓和其他必要的生活福利设施，能适应初期的需要。

(5)生产准备工作能适应投产初期的需要。

(6)建筑物周围 2 m 以内的场地清理完毕。

(7)竣工决算已完成。

(8)技术档案资料齐全，符合交工要求。

3. 工程竣工验收的内容

(1)隐蔽工程验收。隐蔽工程是指在施工过程中上一道工序的工作结束，被下一道工序所掩盖而无法进行复查的部位。对这些工程，在下一道工序施工以前，建设单位驻现场人员应按照设计要求及施工规范规定，及时签署隐蔽工程记录手续，以便承包单位继续下一道工序施工。同时，将隐蔽工程记录交承包单位归入技术资料；如不符合有关规定，应以书面形式报承包单位，令其处理，符合要求后再进行隐蔽工程验收与签证。隐蔽工程验收项目及内容，对于基础工程，要验收地质情况、标高尺寸、基础断面尺寸、桩的位置及数量；对于钢筋混凝土工程，要验收钢筋的品种、规格、数量、位置、形状、焊接尺寸、接头位置、预埋件的数量和位置以及材料代用情况；对于防水工程，要验收屋面、地下室、水下结构的防水层数、防水处理措施的质量。

(2)分项工程验收。对于重要的分项工程，建设单位或其代表应按照工程合同的质量等级要求，根据该分项工程施工的实际情况，参照质量评定标准进行验收。在分项工程验收中，首先必须严格按照有关验收规范选择检查点数，然后计算检验项目和实测项目合格或优良的百分比，最后确定该分项工程的质量等级，从而确定能否验收。

(3)分部工程验收。在分项工程验收的基础上，根据各分项工程质量验收结论，对照分部工程的质量等级，以便决定可否验收。另外，对单位或分部土建工程完工后，转交安装工程施工前或中间其他过程，均应进行中间验收。承包单位得到建设单位或其中间验收认可的凭证后，才能继续施工。

(4)单位工程验收。在分项工程的分部工程验收的基础上，通过对分项、分部工程质量等级的统计推断，结合直接反映单位工程结构及性能质量保证资料，便可系统地核查结构是否安全，是否达到设计要求；再结合观感等直观检查，以及对整个单位工程进行全面的综合评定，从而决定是否验收。

(5)全部验收。全部验收是指整个建设项目已按设计要求全部建设完成，并已符合竣工验收标准，施工单位预验通过，建设单位初验认可，有设计单位、施工单位、档案管理机关、行业主管部门参加，由建设单位主持的正式验收。进行全部验收时，对已验收过的单项工程，可以不再进行正式验收和办理验收手续，但应将单项工程验收单独作为全部建设项目验收的附件加以说明。

4. 竣工验收的程序

(1)检验批及分项工程的验收程序。检验批及分项工程应由监理工程师(建设单位项目技术负责人)组织施工单位项目专业质量(技术)负责人等进行验收。验收前，施工单位先填好检验批和分项工程验收记录表(有关监理记录和结论不填)，并由项目专业质量检验员和项目专业技术负责人分别在检验批和分项工程质量检验记录相关栏目中签字，然后由监理工程师组织，严格按规定程序进行验收。

(2)分部工程的验收程序。分部工程应由总监理工程师(建设单位项目负责人)组织施工单位项目负责人和技术、质量负责人等进行验收。由于地基与基础、主体结构技术性能要求严格，技术性强，关系到整个工程的安全，因此，地基与基础、主体结构分部工程的验收，由勘察、设计单位工程项目负责人和施工单位技术、质量部门负责人参加相关分部工程的验收。

(3)单位(子单位)工程的验收程序。

1)竣工初验收的程序。当单位工程达到竣工验收条件后，施工单位应在自查、自评工作完成后，填写工程竣工报验单，并将全部竣工资料报送项目监理机构，申请竣工验收。

总监理工程师应组织各专业监理工程师对竣工资料及各专业工程的质量情况进行全面检查，对检查出的问题应督促施工单位及时整改。对需要进行功能试验的项目(包括单机试车和无负荷试车)，监理工程师应督促施工单位进行试验，并对重要项目进行监督、检查。

必要时，请建设单位和设计单位参加，应认真审查试验报告单并督促施工单位搞好成品保护和现场清理。

经项目监理机构对竣工资料及实物全面检查、验收合格后，由总监理工程师签署工程竣工报验单，并向建设单位提出质量评估报告。

2)正式验收。建设单位收到工程验收报告后，应由建设单位(含分包单位)(项目)负责人组织施工，设计、监理等单位(项目)负责人进行单位(子单位)工程验收。

单位工程由分包单位施工时，分包单位对所承包的工程项目应按规定的程序检查评定，总包单位应派人参加。分包工程完成后，应将工程有关资料交总包单位。

《建设工程质量管理条例》规定，建设工程竣工验收应当具备下列条件：

①完成建设工程设计和合同约定的各项内容。

②有完整的技术档案和施工管理资料。

③有工程使用的主要建筑材料、构配件和设备的进场试验报告。

④有勘察、设计、施工、工程监理等单位分别签署的质量合格文件。

⑤有施工单位签署的工程保修书。

当参加验收各方对工程质量验收意见不一致时，可请当地住房城乡建设主管部门或工程质量监督机构协调处理。

3)单位工程竣工验收备案。单位工程质量验收合格后，建设的单位应在规定时间内，将工程竣工验收报告和有关文件报住房城乡建设管理部门备案。

凡在我国境内新建、改建、扩建的各类房屋建筑工程和市政基础设施工程，都应按照有关规定进行备案。抢险救灾工程、临时性房屋建筑工程和农民自建底层住宅工程，不适用于此规定。军用房屋建筑工程竣工验收备案，按照中央军事委员会有关规定执行。

建设单位应当自工程竣工验收合格之日起15日内，依照规定，向工程所在地的县级以上地方人民政府建设行政主管部门备案。

备案机关收到建设单位报送的竣工验收备案文件，验证文件齐全后，应当在工程竣工验收备案表上签署文件收讫。工程竣工验收备案表一式两份，一份由建设单位保存，另一份留备案机关存档。

工程质量监督机构应当在工程竣工验收之日起5日内，向备案机关提交工程质量监督报告。备案机关发现建设单位在竣工验收过程中有违反国家有关建设工程质量管理规定行为时，应当在收到竣工验收备案文件15日内，责令停止使用，重新组织竣工验收。

建设单位办理工程竣工验收备案时应提交下列文件：

①工程竣工验收备案表。

②工程竣工验收报告。工程竣工验收报告应当包括：工程报建日期，施工许可证号，施工图设计文件审查意见，勘察、设计、施工、工程监理等单位分别签署的质量合格文件及验收人员签署的竣工验收原始文件，市政基础设施的有关质量检测和功能性试验资料，以及备案机关认为需要提供的有关资料。

③法律、行政法规规定应当由规划、公安消防、环保等部门出具的认可文件或者准许使用的文件。

④施工单位签署的工程质量保修书。

⑤法规、规章规定必须提供的其他文件。

商品住宅还应当提交《住宅质量保证书》和《住宅使用说明书》。

5. 工程竣工验收的方式

为了保证建设工程项目竣工验收的顺利进行，必须按照建设工程项目总体计划的要求以及施工进展的实际情况分阶段进行。项目施工达到验收条件的，验收方式可分为项目中间验收、单项工程验收和全部工程验收三大类，见表 6-3。规模较小、施工内容简单的建设工程项目，也可以一次进行全部项目的竣工验收。

表 6-3　建设工程项目验收方式

类型	验收条件	验收组织
中间验收	(1)按照施工承包合同的约定，施工完成到某一阶段后要进行中间验收。 (2)重要的工程部位施工已完成了隐蔽前的准备工作，该工程部位即将置于无法查看的状态	由监理单位组织，业主和承包商派人参加。该部位的验收资料将作为最终验收的依据
单项工程验收 （交工验收）	(1)建设项目中的某个合同工程已全部完成。 (2)合同内约定有分部分项移交的工程已达到竣工标准，可移交业主投入使用	由业主组织，会同承包商、监理单位、设计单位及使用单位等有关部门共同进行
全部工程 验收 （动用验收）	(1)建设项目按设计规定全部建成，达到竣工验收条件。 (2)初验结果全部合格。 (3)竣工验收所需资料已准备齐全	大、中型和限额以上项目由国家发改委或由其委托项目主管部门或地方政府部门组织验收，小型和限额以下项目由项目主管部门组织验收。验收委员会由银行、物资、环保、劳动、统计、消防及其他有关部门组成，业主、监理单位、施工单位、设计单位和使用单位参加验收工作

第二节　工程保修阶段质量控制

一、工程保修范围与保修期限

建筑工程的保修范围应当包括地基基础工程、主体结构工程、屋面防水工程和其他土建工程，以及电气管线、上下水管线的安装工程，供热、供冷系统工程等项目。保修的期限应当按照保证建筑物合理寿命年限内正常使用，维护使用者合法权益的原则确定。

二、施工单位的保修义务

建设工程在保修范围和保修期限内出现质量缺陷，施工单位应当履行保修义务。

建设工程在保修期限内出现质量缺陷，建设单位或者建设工程所有人应当向施工单位发出保修通知。施工单位接到保修通知后，应到现场核查情况，在保修书约定的时间内予以保修。发生涉及结构安全或者严重影响使用功能的紧急抢修事故，施工单位接到保修通知后，应立即到达现场抢修。发生涉及结构安全的质量缺陷时，建设单位或者建设工程所有人应立即向当地建设行政主管部门报告，采取安全防范措施，由原设计单位或者具有相应资质等级的设计单位提出保修方案，施工单位实施保修，原工程质量监督机构负责监督。

在保修期限内，因工程质量缺陷造成建设工程所有人、使用人或者第三方人身、财产损害的，建设工程所有人、使用人或者第三方可以向建设单位提出赔偿要求。建设单位向造成房屋建设工程质量缺陷的责任方追偿。因保修不及时造成新的人身、财产损害，由造成拖延的责任方承担赔偿责任，但因使用不当或者第三方造成的质量缺陷以及不可抗力造成的质量缺陷不属于保修范围。

三、工程保修阶段的质量控制方式

工程保修阶段工程监理单位应完成下列工作：

（1）定期回访。承担工程保修阶段的服务工作时，工程监理单位应定期回访，及时征求建设单位或使用单位的意见，及时发现使用中存在的问题。

（2）协调联系。对建设单位或使用单位提出的工程质量缺陷，工程监理单位应安排监理人员进行检查和记录，并应向施工单位发出保修通知，要求施工单位予以修复。施工单位接到保修通知后，应当到现场核查情况，在保修书约定的时间内予以保修。发生涉及结构安全或者严重影响使用功能的紧急抢修事故时，监理单位应单独或通过建设单位向政府管理部门报告，并立即通知施工单位到达现场抢修。

（3）界定责任。监理单位应组织相关单位对质量缺陷责任进行界定。首先，应界定是否是使用不当责任。如果是使用者的责任，施工单位修复的费用应由使用者承担；如果不是使用者的责任，应界定是施工责任还是材料缺陷，并核实该缺陷部位的施工方的具体情况。分清情况，按施工合同的约定合理界定责任方。对非施工单位原因造成的工程质量缺陷，应核实施工单位申报的修复工程费用，并签认工程款支付证书，同时报建设单位。

（4）督促维修。施工单位对于质量缺陷的维修过程，监理单位应予监督，合格后予以签认。

（5）检查验收。施工单位保修完成后，经监理单位验收合格，由建设单位或者工程所有人组织验收。涉及结构安全的，应当报当地住房城乡建设主管部门备案。

由于保修工作千差万别，监理单位应根据具体项目的工作量决定保修期间的具体工作计划，并根据与建设单位的合同约定具体决定工作方式和资料留存。

本章小结

工程质量验收是建设成果转入生产使用的标志，也是全面考核建设成果的重要环节。建筑工程施工质量验收的层次应划分为单位工程、分部工程、分项工程和检验批。工程质量的验收均应在施工单位自行检查评定的基础上，按施工的顺序进行：检验批→分项工程→分部（子分部）工程→单位（子单位）工程。工程竣工验收是指承包人按施工合同完成了工程项目的全部任务，经检验合格，由发承包人组织验收的过程。工程竣工验收的内容包括隐蔽工程验收、分项工程验收、分部工程验收、单位工程验收和全部验收。为了保证建设工程项目竣工验收的顺利进行，必须按照建设工程项目总体计划的要求以及施工进展的实际情况分阶段进行。项目施工达到验收条件的，验收方式可分为项目中间验收、单项工程验收和全部工程验收三大类。建筑工程的保修范围应当包括地基基础工程、主体结构工程、屋面防水工程和其他土建工程，以及电气管线、上下水管线的安装工程，供热、供冷系统工程等项目。工程保修阶段的质量控制方式包括定期回访、协调联系、界定责任、督促维修和检查验收。

思考与练习

一、填空题

1. _____是指按相同的生产条件或按规定的方式汇总起来供抽样检验用的，由一定数量样本组成的检验体。

2. 验收记录包括施工单位为了加强施工过程质量的管理而采取的各种有效措施的记录、_____以及相关施工技术管理资料。同时，也包括建设监理单位在工程建设各阶段的_____。

3. 全国工程竣工验收的监督管理工作由_____负责。

4. 为了方便建筑工程的质量管理，根据工程特点，将工程划分为_____、_____、_____和_____工程。

5. _____是指在施工过程中上一道工序的工作结束，被下一道工序所掩盖而无法进行复查的部位。

6. 建设单位收到工程验收报告后，应由_____组织施工，设计、监理等单位（项目)负责人进行单位(子单位)工程验收。

7. 单位工程质量验收合格后，建设单位应在规定时间内，将_____和_____报住房城乡建设主管部门备案。

8. 建设工程在保修期限内出现质量缺陷时，_____应当向施工单位发出保修通知。

二、选择题

1. 实行监理的工程，工程竣工报告需经(   )签署意见。
   A. 监理工程师   B. 监理员
   C. 高级工程师   D. 总监理工程师

2. 工程项目的交工主体应是合同当事人的(   )。
   A. 承包主体   B. 发包主体
   C. 合伙人   D. 其他相关组织

3. 工程项目验收条件之一是建筑物周围(   )m以内的场地清理完毕。
   A. 0.5   B. 1   C. 1.5   D. 2

4. 检验批及分项工程应由(   )组织施工单位项目专业质量负责人等进行验收。
   A. 监理工程师   B. 监理员
   C. 高级工程师   D. 总监理工程师

5. 分部工程应由(   )组织施工单位项目负责人和技术、质量负责人等进行验收。
   A. 监理工程师   B. 监理员
   C. 高级工程师   D. 总监理工程师

6. 建设单位应当自工程竣工验收合格之日起(   )日内，依照规定，向工程所在地的县级以上地方人民政府住房城乡建设主管部门备案。
   A. 10   B. 15   C. 20   D. 25

7. 工程质量监督机构应当在工程竣工验收之日起(   )日内，向备案机关提交工程质量监督报告。
   A. 5   B. 10   C. 15   D. 20

8. 建设工程在保修范围和保修期限内出现质量缺陷时，(   )应当履行保修义务。
   A. 建设单位   B. 施工单位
   C. 监理单位   D. 监理工程师

9. (   )应组织相关单位对质量缺陷责任进行界定。
   A. 建设单位   B. 施工单位
   C. 监理单位   D. 监理工程师

三、问答题

1. 什么是工程质量验收？

2. 建筑工程施工质量验收层次是如何划分的？

3. 单位工程验收合格应符合哪些规定？

4. 建筑工程施工质量不符合要求时，应如何处理？

5. 工程项目竣工验收的依据是什么？

6. 建设工程竣工验收应具备哪些条件？

7. 建设单位办理工程竣工验收备案时应提交哪些文件？

第七章 工程质量控制的统计分析方法

学习目标

了解工程质量统计的内容和质量数据的分类、收集方法及分布特征，掌握质量控制中常用的统计分析方法及抽样检验方案。

能力目标

通过本章内容的学习，能够熟练运用质量控制中常用的统计分析方法及抽样检验方案。

第一节 工程质量统计与质量数据

建设工程质量问题大都可以采用统计分析方法进行分析，查找原因，找出相应的纠正措施。

一、工程质量统计的内容

1. 母体

母体又称总体、检查批或批，是指研究对象全体元素的集合。母体可分为有限母体和无限母体两种。有限母体有一定数量表现，如一批同牌号、同规格的钢材或水泥等；无限母体则没有一定数量表现，如一道工序，它源源不断地生产出某一产品，本身就是无限的。

2. 子样

子样是指从母体中取出来的部分个体，也称试样或样本。子样可分为随机取样和系统抽样。前者多用于产品验收，即母体内各个体都有相同的机会或有可能被抽取；后者多用于工序的控制，即每经一定的时间间隔，每次连续抽取若干产品作为子样，以代表当时的生产情况。

3. 母体与子样、数据的关系

子样的各种属性都是母体特性的反映。在产品生产过程中，子样所属的一批产品（有限母体）或工序（无限母体）的质量状态和特性值，可从子样取得的数据来推测、判断。母体与子样、数据的关系，如图7-1所示。

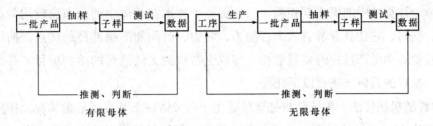

图7-1 母体与子样、数据的关系

二、质量数据的分类

质量数据是指由个体产品质量特性值组成的样本（总体）质量数据集，在统计上称为变量；个体产品质量特性值称为变量值。根据质量数据的特点，可以将其分为计量数据和计数数据。

1. 计量数据

凡是可以连续取值的，或者可以用测量工具具体测读出小数点以下数值的数据，称为计量数据，如长度、容积、质量、化学成分、温度等。以长度为例，在1~2 mm范围内，还可以连续测出1.1 mm、1.2 mm、1.3 mm等数值来；而在1.1~1.2 mm范围内，又可以进一步测得1.11 mm、1.12 mm、1.13 mm等数值来，这些就是计量数据。

2. 计数数据

凡是不能连续取值的，或者即使用测量工具测量，也得不到小数点以下的数据，而只能得到0或1、2、3、4、……自然数的数据，叫作计数数据，如废品件数、不合格品件数、疵点数、缺陷数等。以废品件数为例，就是用卡板、塞规去测量，也只能得到1件、2件、3件……废品数。计数数据还可以细分为计件数据和计点数据。计件数据是指按件计数的数据，如不合格品件数、不合格品率等；计点数据是指按点计数的数据，如疵点数、焊缝缺陷数、单位缺陷数等。

三、质量数据的收集方法

1. 全数检验

全数检验是对总体中的全部个体逐一观察、测量、计数、登记，从而获得对总体质量水平评价结论的方法。全数检验一般比较可靠，能提供大量的质量信息，但要消耗很多人力、物力、财力和时间，特别是不能用于具有破坏性的检验和过程质量控制，应用上具有局限性；在有限的总体中，对重要的检测项目，当可采用简易、快速的不破损检验方法时，可选用全数检验方案。

2. 抽样检验

抽样检验是按照随机抽样的原则，从总体中抽取部分个体组成样本，根据对样品进行检测的结果，推断总体质量水平的方法。抽样检验所抽取的样品不受检验人员主观意愿的支配，每一个体被抽中的概率都相同，从而保证了样本在总体中的分布比较均匀，有充分的代表性；同时，它还具有节省人力、物力、财力、时间和准确性高的优点。抽样检验可用于破坏性检验和生产过程的质量监控，完成全数检测无法进行的检测项目，具有广泛的应用空间。抽样的具体方法有以下几种：

(1)单纯随机抽样法。单纯随机抽样法适用于对母体缺乏基本了解的情况，按随机的原则直接从母体 N 个单位中抽取 n 个单位作为样本。常用的样本获取方式有两种：一是利用随机数表和一个六面体骰子作为随机抽样的工具。首先，通过掷骰子所得的数字相应地查对随机数表上的数值；然后，确定抽取的试样编号。二是利用随机数骰子(一般为正六面体，六个面分别标数字1~6)。随机抽样时，可将产品分成若干组，每组不超过 6 个，并按顺序先排列好，标上编号，然后掷骰子，骰子正面表示的数即抽取的试样编号。

(2)分层随机抽样法。分层随机抽样法是事先把在不同生产条件下(不同的工人、不同的机器设备、不同的材料来源、不同的作业班次等)制造出来的产品归类分组，然后再按一定的比例，从各组中随机抽取产品组成子样。

(3)整群随机抽样法。这种方法的特点不是一次随机抽取一个产品，而是一次随机抽取若干个产品组成子样。例如，对某种产品来说，每隔 20 h 抽出其中 1 h 的产品组成子样；或者是每隔一定时间抽取若干个产品组成子样。该抽样法的优点是手续简便；缺点是子样的代表性差、抽样误差大。这种方法常用在工序控制中。

(4)等距抽样。等距抽样又称机械抽样、系统抽样，是将个体按某一特性排队编号后均分为 n 组，这时每组有 $K=N/n$ 个个体，然后在第一组内随机抽取第一件样品，以后每隔一定距离(K 号)抽选出其余样品组成样本的方法。如在流水作业线上每生产 100 件产品抽出一件产品作样品，直到抽出 n 件产品组成样本。在这里，距离可以理解为空间、时间、数量的距离。若分组特性与研究目的有关，就可作分组更细且等比例的特殊分层抽样，这样样品在总体中分布就更均匀、更有代表性，抽样误差也更小；若分组特性与研究目的无关，就是纯随机抽样。进行等距抽样时特别要注意的是，所采用的距离(K 值)不要与总体质量特性值的变动周期一致，如对连续生产的产品按时间距离抽样时，相隔的时间不应是每班作业时间的约数或倍数，以免产生系统偏差。

(5)多阶段抽样。多阶段抽样又称多级抽样。上述抽样方法的共同特点是整个过程中只有一次随机抽样，因而统称为单阶段抽样。但是，当总体很大时，很难一次抽样完成预定的目标。多阶段抽样是将各种单阶段抽样方法结合使用，通过多次随机抽样来实现的抽样方法。如检验钢材、水泥等的质量时，可以对总体按不同批次分为 R 群，从中随机抽取 r 群；而后，在中选的 r 群中的 M 个个体中随机抽取 m 个个体，这就是整群抽样与分层抽样

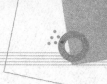

相结合的二阶段抽样，它的随机性表现在群间和群内两次。

四、质量数据的特性值

样本数据特性值是由样本数据计算的描述样本质量数据波动规律的指标。统计推断就是根据样本数据特性值来分析、判断总体的质量状况。常用的有描述数据分布集中趋势的算术平均数、样本中位数和描述数据分布离中趋势的极差、标准偏差、变异系数等。

1. 算术平均数

算术平均数又称均值，是消除了个体之间个别偶然的差异，显示出所有个体共性和数据一般水平的统计指标，它由所有数据计算得到，是数据的分布中心，对数据的代表性好。其计算公式如下：

（1）总体算术平均数 μ：

$$\mu = \frac{1}{N}(X_1 + X_2 + \cdots + X_N) = \frac{1}{N}\sum_{n}^{i=1} X_i$$

式中　N——总体中个体的个数；

　　　X_i——总体中第 i 个个体的质量特性值。

（2）样本算术平均数 $\overline{x}$：

$$\overline{x} = \frac{1}{n}(x_1 + x_2 + \cdots + x_n) = \frac{1}{n}\sum_{n}^{i=1} x_i$$

式中　n——样本容量；

　　　x_i——样本中第 i 个样品的质量特性值。

2. 样本中位数

样本中位数是将样本数据按数值大小有序排列后，位置居中的数值。当样本数 n 为奇数时，数列居中的数值即中位数；当样本数 n 为偶数时，取居中两个数的平均值作为中位数。

算术平均数和样本中位数是描述数据集中趋势的特性值。

3. 极差

极差是数据中最大值与最小值之差，是用数据变动的幅度来反映其分散状况的特性值。极差计算简单、使用方便，但较粗略，数值仅受两个极端值的影响，损失的质量信息多，不能反映中间数据的分布和波动规律，仅适用于小样本。其计算公式如下：

$$R = x_{max} - x_{min}$$

4. 标准偏差

标准偏差简称标准差或均方差，是个体数据与均值之差平方和的算术平均数的算术根，是大于 0 的正数。总体的标准差用 σ 表示，样本的标准差用 S 表示。标准差的值小，说明分布集中程度高，离散程度小，均值对总体（样本）的代表性好。标准差的平方是方差，有鲜明的数理统计特征，能确切说明数据分布的离散程度和波动规律，是最常用的反映数据变异程度的特性值。

(1)总体的标准差 σ：

$$\sigma = \sqrt{\frac{\sum\limits_{i=1}^{N}(X_i - \mu)^2}{N}}$$

(2)样本的标准差 S：

$$S = \sqrt{\frac{\sum\limits_{i=1}^{n}(x_i - \overline{x})^2}{n-1}}$$

在样本容量较大（$n \geqslant 50$）时，样本标准差公式中的分母（$n-1$）可简化为 n。

5. 变异系数

变异系数又称离散系数，是用标准差除以算术平均数得到的相对数。它表示数据的相对离散波动程度。变异系数小，说明分布集中程度高、离散程度小，均值对总体（样本）的代表性好。由于消除了数据平均水平不同的影响，变异系数适用于均值有较大差异的总体（样本）之间离散程度的比较，应用更为广泛。其计算公式如下：

(1)总体的变异系数 C_v：

$$C_v = \sigma/\mu$$

(2)样本的变异系数 C_v：

$$C_v = S/\overline{x}$$

极差、标准偏差和变异系数是描述数据离散趋势的特性值。

五、质量数据的分布特征

在实际质量检测中，同一总体（样本）的个体产品的质量特性值是互不相同的。这种个体间在形式上的差异性，反映在质量数据上即个体数值的波动性、随机性。然而，当运用统计方法对这些丰富的个体质量数值进行加工、整理和分析后，又会发现这些产品质量特性值（以计量值数据为例）大多分布在数值变动范围的中部区域，即有向分布中心靠拢的倾向，表现为数值的集中趋势；还有一部分质量特性值在中心的两侧分布，随着逐渐远离中心，数值的个数变少，表现为数值的离中趋势。

质量数据的集中趋势和离中趋势，反映了总体（样本）质量变化的内在规律性。

对于每件产品来说，在产品质量形成的过程中，单个影响因素对其影响的程度和方向不同，也在不断改变。众多因素交织在一起，共同作用的结果使各因素引起的差异大多互相抵消，最终表现出来的误差具有随机性。

对于在正常生产条件下的大量产品，误差接近零的产品数目要更多些，具有较大正负误差的产品要相对少些，偏离很大的产品就更少了。同时，正负误差绝对值相等的产品数目非常接近，于是就形成了一个能反映质量数据规律性的分布，即以质量标准为中心的质量数据分布，它可用一个中间高、两端低、左右对称的几何图形表示，即一般服从正态分布。正态分布概率密度曲线如图 7-2 所示。

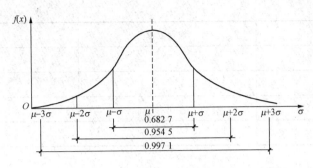

图7-2　正态分布概率密度曲线

第二节　质量控制中常用的统计分析方法

一、统计调查表法

统计调查表法又称统计调查分析法。在质量管理活动中，统计调查表法是一种很好的收集数据的方法。统计调查表是为了掌握生产过程中或施工现场的情况，根据分层的设想作出的一类记录表。

统计调查表不仅使用方便，而且能够自行整理数据，粗略地分析原因。统计调查表的形式多种多样，使用场合、对象、目的、范围不同，其表格的形式和内容也不相同，可以根据实际情况自行选择或修改。常用的有以下几种：

(1)分项工程作业质量分布调查表；

(2)不合格项目调查表；

(3)不合格原因调查表；

(4)施工质量检查评定调查表等。

表7-1是混凝土空心板外观质量缺陷调查表。

表7-1　混凝土空心板外观质量缺陷调查表

产品名称	混凝土空心板		生产班组			
日生产总数	200块	生产时间	年　月　日		检查时间	年　月　日
检查方式	全数检查		检查员			
项目名称		检查记录		合计		
露筋		正正		9		
蜂窝		正正一		11		

项目名称	检查记录	合计
孔洞	丁	2
裂缝	一	1
其他	丁	3
总计		26

统计调查表法往往同分层法结合起来应用，可以更好、更快地找出问题原因，以便采取改进措施。

二、分层法

分层法又称分类法，是指将调查收集的原始数据，根据不同的目的和要求，按某一性质进行分组、整理的分析方法。分层的结果使数据各层间的差异突出地显示出来，层内的数据差异减少了，在此基础上再进行层间、层内的比较分析，可以更深入地发现和认识质量问题的原因。

常用的分层标志如下：

(1)按操作班组或操作者分层。

(2)按使用机械设备型号分层。

(3)按操作方法分层。

(4)按原材料供应单位、供应时间或等级分层。

(5)按施工时间分层。

(6)按检查手段、工作环境等分层。

例如，某钢筋焊接质量的调查分析，共检查了 50 个焊接点，其中有 19 个焊接点不合格，不合格率为 38%，存在严重的质量问题，下面用分层法分析质量问题的原因。经查，这批钢筋的焊接是由 A、B、C 三个师傅操作的，而焊条是由甲、乙两个厂家提供的。因此，分别按操作者和焊条生产厂家进行分层分析，即考虑一种因素单独的影响，见表 7-2 和表 7-3。

表 7-2　按操作者分层

操作者	不合格	合格	不合格率/%
A	6	13	32
B	3	9	25
C	10	9	53
合　计	19	31	38

表 7-3 按供应焊条厂家分层

工厂	不合格	合 格	不合格率/%
甲	9	14	39
乙	10	17	37
合 计	19	31	38

由表 7-2 和表 7-3 的分层分析可见，操作者 B 的质量较好，不合格率为 25％；而无论是采用甲厂还是乙厂的焊条，不合格率都很高且相差不大。为了找出问题所在，再进一步采用综合分层进行分析，即考虑两种因素共同影响的结果，见表 7-4。

表 7-4 综合分层分析焊接质量

操作者	焊接质量	甲厂		乙厂		合计	
		焊接点	不合格率/%	焊接点	不合格率/%	焊接点	不合格率/%
A	不合格 合格	6 2	75	0 11	0	6 13	32
B	不合格 合格	0 5	0	3 4	43	3 9	25
C	不合格 合格	3 7	30	7 2	78	10 9	53
合计	不合格 合格	9 14	39	10 17	37	19 31	38

从表 7-4 的综合分层法分析可知，在使用甲厂的焊条时，以采用 B 师傅的操作方法为好；在使用乙厂的焊条时，以采用 A 师傅的操作方法为好，这样会使合格率大大地提高。

排列图法、直方图法、控制图法、相关图法等，一般都要与分层法配合使用，常常是首先利用分层法将原始数据分门别类，然后进行统计分析。

三、排列图法

排列图又称巴雷特图（Pareto），也称主次因素排列图，是从影响产品的众多因素中找出主要因素的一种有效方法。它由两个纵坐标、一个横坐标、几个连起来的直方形和一条曲线所组成，如图 7-3 所示。左侧的纵坐标表示频数，右侧的纵坐标表示累计频率，横坐标表示质量的各个影响因素（项目），按影响程度大小从左至右排列，直方形的高度表示

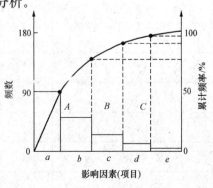

图 7-3 排列图

某个因素的影响大小。

1. 作图步骤

作排列图需要以准确而可靠的数据为基础,一般按以下步骤进行:

(1)按照影响质量的因素进行分类。分类项目要具体而明确,一般视产品品种、规格、不良品、缺陷内容或经济损失等情况而定。

(2)统计计算各类影响质量因素的频数和频率。

(3)画左、右两条纵坐标,确定两条纵坐标的刻度和比例。

(4)根据各类影响因素出现的频数大小,将其从左到右依次排列在横坐标上。各类影响因素的横向间隔距离要相同,并画出相应的矩形图。

(5)将各类影响因素发生的频率和累计频率逐个标注在相应的坐标点上,并将各点连成一条折线。

(6)在排列图的适当位置,注明统计数据的日期、地点、统计者等可供参考的事项。

2. 排列图绘制实例

某工地现浇混凝土结构尺寸质量检查结果是:在全部检查的 8 个项目中不合格点(超偏差限值)有 165 个,为改进并保证质量,应对这些不合格点进行分析,以便找出混凝土结构尺寸质量的薄弱环节。

(1)收集整理数据。首先,收集混凝土结构尺寸各项目不合格点的数据资料,结果见表 7-5。各项目不合格点出现的次数即频数。然后,对数据资料进行整理,将不合格点较少的轴线位置、预埋设施中心位置、预留孔洞中心位置三项合并为"其他"项。按不合格点的频数由大到小的顺序排列各检查项目,"其他"项排在最后。最后,以全部不合格点数为总数,计算各项的频率和累计频率,结果见表 7-6。

表 7-5　不合格点统计表

序号	检查项目	不合格点数
1	轴线位置	6
2	垂直度	10
3	标高	1
4	截面尺寸	48
5	电梯井	18
6	表面平整度	80
7	预埋设施中心位置	1
8	预留孔洞中心位置	1

表 7-6　不合格点项目频数、频率统计表

序号	项目	频数	频率/%	累计频率/%
1	表面平整度	80	48.5	48.5
2	截面尺寸	48	29.1	77.6
3	电梯井	18	10.9	88.5
4	垂直度	10	6.1	94.6
5	轴线位置	6	3.6	98.2
6	其他	3	1.8	100.0
合计		165	100	

(2)绘制排列图(图 7-4)。步骤如下:

1)画横坐标。将横坐标按项目数等分,并按项目频数由大到小的顺序从左至右排列,该例中横坐标分为六等份。

2)画纵坐标。左侧的纵坐标表示项目不合格点数即频数,右侧的纵坐标表示累计频率。要求总频数对应累计频率 100%。该例中,165 应与 100%在一条水平线上。

3)画频数直方形。以频数为高画出各项目的直方形。

4)画累计频率曲线。从横坐标左端点开始,依次连接各项目直方形右边线及所对应的累计频率值的交点,所得的曲线为累计频率曲线。

5)记录必要的事项,如标题、收集数据的方法和时间等。

图 7-4 所示为本例混凝土结构尺寸不合格点排列图。

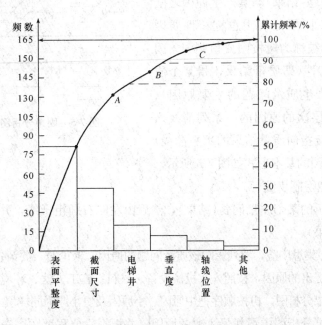

图 7-4　混凝土结构尺寸不合格点排列图

3. 排列图的应用

排列图可以形象、直观地反映主次因素。其主要应用如下：

(1)按不合格点的缺陷形式分类，可以分析出造成质量问题的薄弱环节。

(2)按生产作业分类，可以找出生产不合格品最多的关键过程。

(3)按生产班组或单位分类，可以分析比较各单位的技术水平和质量管理水平。

(4)将采取提高质量措施前后的排列图进行对比，可以分析措施是否有效。

(5)此外还可以用于成本费用分析、安全问题分析等。

4. 作排列图应注意的问题

(1)要注意所取数据的时间和范围。作排列图的目的是找出影响质量的主次因素，如果收集的数据不是在发生时间内或不属本范围内的数据，作出的排列图就起不了控制质量的作用。所以，为了有利于工作循环和比较，说明对策的有效性，就必须注意所取数据的时间和范围。

(2)找出的主要因素最好是1~2个，最多不超过3个；否则，就失去了抓主要矛盾的意义，需要重新考虑因素分类。遇到项目较多时，可适当合并一般项目，不太重要的项目通常可以列入"其他"栏内，排在最后一项。

(3)针对影响质量的主要因素采取措施后，在PDCA循环过程中，为了检查实施效果，需重新作排列图进行比较。

四、因果分析图法

因果分析图法是利用因果分析图来系统整理分析某个质量问题(结果)与其产生原因之间关系的有效工具。因果分析图也称特性要因图，又因其形状常被称为树枝图或鱼刺图。因果分析图由质量特性(即质量结果，指某个质量问题)、要因(产生质量问题的主要原因)、枝干(指表示不同层次的原因的一系列箭线)、主干(指较粗的直接指向质量结果的水平箭线)等组成。因果分析图的基本形式如图7-5所示。

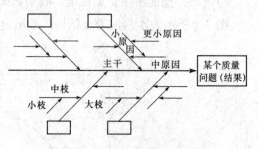

图7-5 因果分析图的基本形式

1. 因果分析图绘制步骤

(1)确定要分析的某个质量问题(结果)，然后由左向右画粗干线，并以箭头指向所要分析的质量问题(结果)。

(2)座谈议论，集思广益，罗列影响该质量问题的原因。谈论时，要请各方面的有关人员一起参加。把谈论中提出的原因，按照人、机械设备、材料、施工方法、环境五大要素进行分类；然后，分别填入因果分析图，再按顺序把中原因、小原因及更小原因同样填入因果分析图。

(3)从整个因果分析图中寻找最主要的原因，并根据重要程度顺序表示。

(4)画出因果分析图并确定主要原因后，必要时可到现场作实地调查，进一步弄清主要原因的项目，以便采取相应措施予以解决。

2. 因果分析图绘制实例

绘制混凝土强度不足的因果分析图。

(1)明确质量问题——结果。本例分析的质量问题是"混凝土强度不足",作图时首先由左向右画出一条水平主干线,箭头指向一个矩形框,框内注明研究的问题,即结果。

(2)分析确定影响质量特性方面大的原因。一般来说,影响质量的因素有五大方面,即人、机械设备、材料、施工方法、环境。另外,还可以按产品的生产过程进行分析。

(3)将每种大原因进一步分解为中原因、小原因,直至分解的原因可以采取具体措施加以解决为止。

(4)检查图中所列原因是否齐全,可以对初步分析结果广泛征求意见,并作必要的补充及修改。

(5)选择出影响大的关键因素,作出标记"△",以便重点采取措施。

表 7-7 是对策计划表;图 7-6 所示是混凝土强度不足的因果分析图。

表 7-7 对策计划表

单位工程名称:

分部分项工程: 年 月 日

质量存在问题		产生原因	采取对策及措施	执行者	期限	实效检查
混凝土强度未达到设计要求	操作者	(1)未按规范施工。 (2)上下班不按时,劳动纪律松弛。 (3)新工人占比达80%。 (4)缺乏技术指导	(1)组织学习规范。 (2)加强检查,对违反规范操作者必须立即停工,追究责任。 (3)严格上下班及交接班制度。 (4)班前工长交底,班中设两名老工人专门进行技术指导			
	工艺	(1)天气炎热,养护不及时,无遮盖物。 (2)灌筑层太厚。 (3)加毛石过多	(1)新浇混凝土上加盖草袋。 (2)前 3 d,白天每 2 h 养护 1 次。 (3)将灌注层控制在 25 cm 以内。 (4)将加毛石控制在 15% 以内,并使其分布均匀			
	材料	(1)水泥短秤。 (2)石子未级配。 (3)石子含水量未扣除。 (4)砂子计量不准。 (5)砂子含泥量过大	(1)取消以包投料,改为重量投料。 (2)石子按级配配料。 (3)每日测定水灰比。 (4)洗砂、调水灰比,认真负责计量			
	环境	(1)运输路不平,混凝土产生离析。 (2)运距太远,脱水严重。 (3)气温高达 40 ℃,没有进行降温及缓凝处理	(1)修整道路。 (2)改大车装运混凝土并加盖。 (3)加缓凝剂拌制			

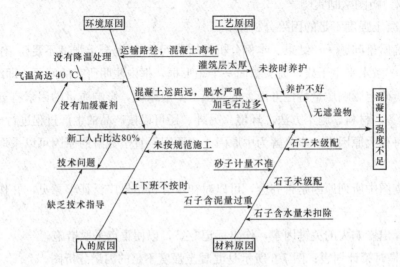

图 7-6 混凝土强度不足的因果分析图

3. 因果分析图绘制的注意事项

(1)制图并不很难，但如果对工程没有比较全面和深入的了解，没有掌握有关专业技术，是画不好的；同时，一个人的认识是有限的，所以要组织有关人员共同讨论、研究、分析，集思广益，才能准确地找出问题的原因所在，制定行之有效的对策。

(2)对于特性产生的原因，要大原因、中原因、小原因、更小原因，一层一层地追下去，追根到底，才能抓住真正的原因。

4. 因果分析图的观察方法

(1)大小各种原因，都是通过什么途径，在多大程度上影响结果的。

(2)各种原因之间有无关系。

(3)各种原因有无测定的可能，准确程度如何。

(4)把分析出来的原因与现场的实际情况逐项对比，看与现场有无出入、有无遗漏及有无不易遵守的条件等。

五、直方图法

直方图又称质量分布图、矩形图、频数分布直方图，其将产品质量频数的分布状态用直方形来表示，根据直方形的分布形状和与公差界限的距离来观察、探索质量分布规律，分析、判断整个生产过程是否正常。利用直方图，可以制定质量标准，确定公差范围；可以判明质量分布情况是否符合标准的要求；其缺点是不能反映动态变化，而且要求收集的数据较多(50～100 个及以上)，否则难以体现其规律。

1. 直方图的作法

直方图可以按以下步骤绘制：

(1)计算极差。收集一批数据(一般取 $n>50$)，在全部数据中找出最大值 x_{max} 和最小值 x_{min}，

极差 R 可以按下式求得：

$$R = x_{max} - x_{min}$$

（2）确定分组的组数。一批数据究竟分为几组，并无一定规则，一般采用表7-8所示的经验数值来确定。

表7-8　数据分组参考表

数据个数(n)/个	组数(k)/组
50以内	5~6
50~100	6~10
100~250	7~12
250以上	10~20

（3）计算组距。组距是组与组之间的差距。分组要恰当，如果分得太多，则画出的直方图呈锯齿状，看不出明显的规律；如果分得太少，会掩盖组内数据变动的情况。组距可按以下公式计算：

$$h = \frac{R}{k}$$

式中　R——极差；

　　　k——组数。

（4）计算组界 r_i。一般情况下，组界的计算方法如下：

$$r_1 = x_{min} - \frac{h}{2}$$

$$r_i = r_{i-1} + h$$

为了避免某些数据正好落在组界上，应将组界取得比数据多一位小数。

（5）频数统计。根据收集的每一个数据，用正字法计算落入每一组界内的频数，据以确定每个小直方形的高度。以上作出的频数统计，已经基本上显示了全部数据的分布状况，再用图表示则更加清楚。直方图的图形由横轴和纵轴组成。选用一定比例在横轴上画出组界，再在纵轴上画出频数，绘制成柱形的直方图。

2. 直方图绘制实例

某建筑工地浇筑强度等级为C30的混凝土，为对其抗压强度进行质量分析，共收集了50份抗压强度试验报告单，整理的结果见表7-9。

N/mm²

表7-9　数据整理表

序号	抗压强度数据					最大值	最小值
1	39.8	37.7	33.8	31.5	36.1	39.8	31.5
2	37.2	38.0	33.1	39.0	36.0	39.0	33.1
3	35.8	35.2	31.8	37.1	34.0	37.1	31.8
4	39.9	34.3	33.2	40.4	41.2	41.2	33.2

序号	抗压强度数据					最大值	最小值
5	39.2	35.4	34.4	38.1	40.3	40.3	34.4
6	42.3	37.5	35.5	39.3	37.3	42.3	35.5
7	35.9	42.4	41.8	36.3	36.2	42.4	35.9
8	46.2	37.6	38.3	39.7	38.0	46.2	37.6
9	36.4	38.3	43.4	38.2	38.0	43.4	36.4
10	44.4	42.0	37.9	38.4	39.5	44.4	37.9

(1)计算极差 R。极差 R 是数据中最大值和最小值之差，表 7-9 中：

$$x_{max}=46.2 \text{ N/mm}^2$$

$$x_{min}=31.5 \text{ N/mm}^2$$

$$R=x_{max}-x_{min}=46.2-31.5=14.7(\text{N/mm}^2)$$

(2)确定组数 k。确定组数的原则是分组的结果能正确反映数据的分布规律。组数应根据数据的多少来确定，也可参考表 7-10 所示的经验数值确定。本例中，取 $k=8$。

表 7-10　数据分组参考值

数据总数(n)	50~100	100~250	250 以上
分组数(k)	6~10	7~12	10~20

(3)计算组距 h：

$$h=\frac{R}{k}=\frac{14.7}{8}=1.84\approx2(\text{N/mm}^2)$$

(4)计算组界：

$$r_1=x_{min}-\frac{h}{2}=31.5-\frac{2.0}{2}=30.5$$

第一组上界：$30.5+h=30.5+2=32.5$

第二组下界＝第一组上界＝32.5

第二组上界：$32.5+h=32.5+2=34.5$

以下以此类推，最高组界为 44.5~46.5。

(5)编制数据频数统计表。统计各组频数，可采用唱票形式进行，频数总和应等于全部数据个数，见表 7-11。

表 7-11　频数统计表

组号	组界/(N·mm^{-2})	频数统计	频数	组号	组界/(N·mm^{-2})	频数统计	频数
1	30.5~32.5	丅	2	5	38.5~40.5	正正	9
2	32.5~34.5	正一	6	6	40.5~42.5	正	5
3	34.5~36.5	正正	10	7	42.5~44.5	丅	2
4	36.5~38.5	正正正	15	8	44.5~46.5	一	1
合计							50

(6)绘制频数分布直方图。在频数分布直方图中，横坐标表示质量特性值，本例中为混凝土强度，并标出各组的组界值。根据表 7-11 画出以组距为底、以频数为高的 k 个直方形，便得到混凝土强度的频数分布直方图，如图 7-7 所示。

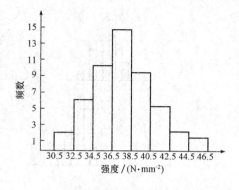

图 7-7　混凝土强度分部直方图

3. 直方图图形分析

直方图形象、直观地反映了数据分布情况，通过对直方图的观察和分析可以看出，生产是否稳定，及其质量的情况。常见直方图的典型形状有以下几种：

(1)对称形——中间为峰，两侧对称分散者为对称形，如图 7-8(a)所示。这是工序稳定正常时的分布状况。

(2)孤岛形——在远离主分布中心的地方出现小的直方形，形如孤岛，如图 7-8(b)所示。孤岛的存在表明生产过程中出现了异常因素，例如，原材料一时发生变化、有人代替操作、短期内工作操作不当等。

(3)双峰形——直方图呈现两个顶峰，如图 7-8(c)所示。这往往是两种不同的分布混在一起的结果，如两台不同的机床所加工的零件所造成的差异。

(4)偏向形——直方图的顶峰偏向一侧，又称偏坡形。它往往是因计数值或计量值只控制一侧界限或剔除了不合格数据造成的，如图 7-8(d)所示。

(5)平顶形——在直方图顶部呈平顶状态，如图 7-8(e)所示。一般是由多个母体数据混在一起造成的，或者在生产过程中有缓慢变化的因素在起作用所造成的，如操作者疲劳造成直方图的平顶状。

(6)绝壁形——是由于数据收集不正常，或可能有意识地去掉了下限以下的数据，或在检测过程中存在某种人为因素所造成的，如图 7-8(f)所示。

(7)锯齿形——直方图呈现参差不齐的形状，即频数不是在相邻区间减少，而是隔区间减少，如图 7-8(g)所示。造成这种现象的原因不是生产上的问题，而主要是绘制直方图时分组过多或测量仪器精度不够而造成的。

4. 与质量标准对照比较

作出直方图后，除观察直方图形状，分析质量分布状态外，还应将正常型直方图与质量标准比较，以判断出实际的生产过程能力。正常型直方图与质量标准比较，一般有图 7-9 所示的六种情况。

(1)如图 7-9(a)所示，B 在 T 中间，质量分布中心 $\bar{x}$ 与质量标准中心 M 重合，实际数据分布与质量标准相比较两边还有一定余地。这样的生产过程质量是很理想的，说明生产过程处于正常的稳定状态。在这种情况下生产出来的产品可认为全都是合格品。

(2)如图 7-9(b)所示，B 虽然落在 T 内，但质量分布中心 $\bar{x}$ 与 T 的中心 M 不重合，偏

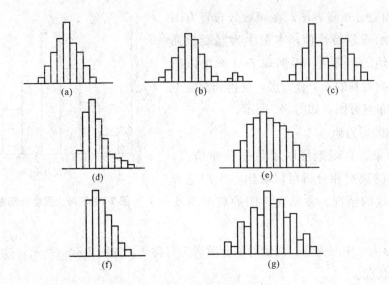

图 7-8 常见直方图图形

(a)对称形；(b)孤岛形；(c)双峰形；(d)偏向形；(e)平顶形；(f)绝壁形；(g)锯齿形

向一边。此时，生产状态一旦发生变化，就可能超出质量标准下限而出现不合格品。出现这种情况时应迅速采取措施，使直方形移到中间来。

(3)如图 7-9(c)所示，B 在 T 中间，且 B 的范围接近 T 的范围，没有余地，生产过程一旦发生小的变化，产品的质量特性值就可能超出质量标准。出现这种情况时，必须立即采取措施，以缩小质量分布范围。

(4)如图 7-9(d)所示，B 在 T 中间，但两边余地太大，说明加工过于精细，不经济。在这种情况下，可以对原材料、设备、工艺、操作等控制要求适当放宽，有目的地使 B 扩大，以降低成本。

(5)如图 7-9(e)所示，质量分布范围 B 已超出标准下限之外，说明已出现不合格品。此时，必须采取措施进行调整，使质量分布位于标准之内。

(6)如图 7-9(f)所示，质量分布范围完全超出了质量标准的上、下界限，散差太大，产生许多废品，说明过程能力不足，应提高过程能力，使质量分布范围 B 缩小。

六、控制图法

控制图又称管理图，是在直角坐标系内画有控制界限，描述生产过程中产品质量波动状态的图形。利用控制图区分质量波动原因，判明生产过程是否处于稳定状态的方法称为控制图法。控制图的基本形式如图 7-10 所示。横坐标为样本(子样)序号或抽样时间，纵坐标为被控制对象，即被控制的质量特性值。控制图上一般有三条线：上面的一条虚线称为上控制界限，用符号 UCL 表示；下面的一条虚线称为下控制界限，用符号 LCL 表示；中间的一条实线称为中心线，用符号 CL 表示。中心线标志着质量特性值分布的中心位置，上、下控制界限标志着质量特性值允许波动范围。

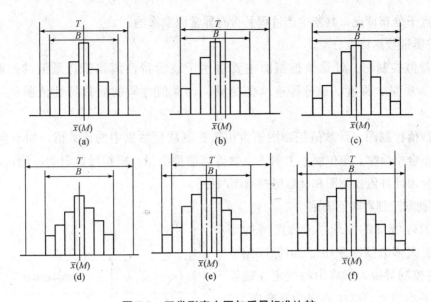

图 7-9 正常型直方图与质量标准比较

T—质量标准要求界限；B—实际质量特性分布范围

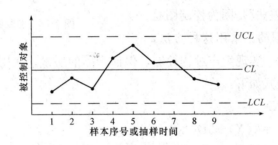

图 7-10 控制图的基本形式

前述排列图法、直方图法是质量控制的静态分析法，反映的是质量在某一段时间里的静止状态。然而，产品都是在动态的生产过程中形成的，因此，在质量控制中单用静态分析法显然是不够的，还必须有动态分析法。采用动态分析法，能随时了解生产过程中质量的变化情况，及时采取措施，使生产处于稳定状态，起到预防出现废品的作用。

控制图法就是典型的动态分析法。

1. 控制图的种类

(1)按用途分类。

1)分析用控制图。分析用控制图主要用来调查分析生产过程是否处于控制状态。绘制分析用控制图时，一般需连续抽取 20～25 组样本数据，计算控制界限。

2)管理(或控制)用控制图。管理(或控制)用控制图主要用来控制生产过程，使其经常保持在稳定状态下。当根据分析用控制图判明生产处于稳定状态时，一般把分析用控制图的控制界限延长，以作为管理用控制图的控制界限，并按一定的时间间隔取样、计算、打点，根据点子分布情况，判断生产过程是否有异常因素影响。

（2）按质量数据特点分类。

1）计量值控制图。计量值控制图主要适用于质量特性值属于计量值的控制，如时间、长度、质量、强度、成分等连续型变量。计量值性质的质量特性值服从正态分布规律。

2）计数值控制图。计数值控制图通常用于控制质量数据中的计数值，如不合格品数、疵点数、不合格品率、单位面积上的疵点数等离散型变量。根据计数值的不同，计数值控制图又可分为计件值控制图和计点值控制图两种。

2. 控制图控制界限的确定

根据数理统计的原理，考虑经济的原则，世界上大多数国家采用"三倍标准偏差法"来确定控制界限，即将中心线定在被控制对象的平均值上，以中心线为基准向上、向下各量三倍被控制对象的标准偏差，即上、下控制界限，如图7-11所示。

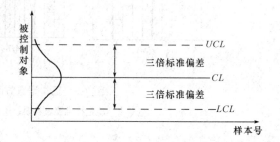

图 7-11　控制界限的确定

采用"三倍标准偏差法"是因为控制图是以正态分布为理论依据的。采用这种方法，可以在最经济的条件下，实现生产过程控制，保证产品的质量。在用三倍标准偏差法确定控制界限时，其计算公式如下：

中心线　　$CL = E(X)$

上控制界限　$UCL = E(X) + 3D(X)$

下控制界线　$UCL = E(X) - 3D(X)$

式中　X——样本统计量，X 可取 $\bar{x}$（平均值）、$\tilde{x}$（中位数）、x（单值）、R（极差）、P_n（不合格品数）、P（不合格品率）、C（缺陷数）、u（单位缺陷数）等；

　　　$E(X)$——X 的平均值；

　　　$D(X)$——X 的标准偏差。

按"三倍标准偏差法"，各类控制图的控制界限的计算公式见表7-12；控制图用系数见表7-13。

3. 控制图的用途和应用

控制图是用样本数据来分析判断生产过程是否处于稳定状态的有效工具。其用途主要有以下两个：

（1）过程分析，即分析生产过程是否稳定。因此，应随机连续收集数据，绘制控制图，观察数据点分布情况并判定生产过程状态。

（2）过程控制，即控制生产过程质量状态。因此，要定时抽样取得数据，将其变为点描在图上，发现并及时消除生产过程中的失调现象，预防不合格品的产生。

表 7-12　各类控制图的控制界限的计算公式

控制图种类			中心线	控制界限
计量值控制图		平均值 $\bar{x}$ 控制图	$\bar{\bar{x}} = \dfrac{\sum\limits_{i=1}^{k}\bar{x}_i}{k}$	$\bar{\bar{x}} \pm A_2\bar{R}$
		极差 R 控制图	$\bar{R} = \dfrac{\sum\limits_{i=1}^{k}R_i}{k}$	$D_4\bar{R},\ D_3\bar{R}$
		中位数 $\tilde{x}$ 控制图	$\bar{\tilde{x}} = \dfrac{\sum\limits_{i=1}^{k}\tilde{x}_i}{k}$	$\bar{\tilde{x}} \pm m_3A_2\bar{R}$
		单值 x 控制图	$x = \dfrac{\sum\limits_{i=1}^{k}x_i}{k}$	$\bar{x} \pm E_2\bar{R}_S$
		移动极差 R_S 控制图	$\bar{R}_S = \dfrac{\sum\limits_{i=1}^{k}R_{Si}}{k}$	D_{4RS}
计数值控制图	计件	不合格品数 P_n 控制图	$\bar{P}_n = \dfrac{\sum\limits_{i=1}^{k}P_in_i}{k}$	$\bar{P}_n \pm 3\sqrt{\bar{P}n(1-\bar{P}n)}$
		不合格品率 P 控制图	$\bar{P} = \dfrac{\sum\limits_{i=1}^{k}P_in_i}{k}$	$\bar{P} \pm 3\sqrt{\bar{P}-(1-\bar{P})}$
	计点	缺陷数 C 控制图	$\bar{C} = \dfrac{\sum\limits_{i=1}^{k}C_i}{k}$	$\bar{C} \pm 3\sqrt{\bar{C}}$
		单位缺陷数 u 控制图	$\bar{u} = \dfrac{\sum\limits_{i=1}^{k}u_i}{k}$	$\bar{u} \pm 3\sqrt{\dfrac{\bar{u}}{n}}$

表 7-13　控制图用系数

样本容量 n	A_2	D_4	D_3	m_3A_2	E_2
2	1.88	3.27	—	1.88	2.66
3	1.02	2.57	—	1.19	1.77
4	0.73	2.28	—	0.80	1.46
5	0.58	2.11	—	0.69	1.29
6	0.48	2.00	—	0.55	1.18
7	0.42	1.92	0.08	0.51	1.11
8	0.37	1.86	0.14	0.43	1.05
9	0.34	1.82	0.18	0.41	1.01
10	0.31	1.78	0.22	0.36	0.96

应用控制图进行分析判断时，有两条准则：一是数据点都应在正常区内，不能越出控制界限；二是数据点的排列不应有缺陷。

如有以下情况，即表示生产工艺中存在异常因素：

(1)数据点在中心线的一侧连续出现 7 次以上。

(2)连续 7 个以上的数据上升或下降。

(3)连续 11 个点中，至少有 10 个点(可以不连续)在中心线的同一侧。

(4)连续 3 个点中，至少有 2 个点(可以不连续)在控制界限外出现。

(5)数据点呈周期性变化。

七、相关图法

相关图又称散布图。在质量控制中，它是用来显示两种质量数据之间关系的一种图形。质量数据之间的关系一般有以下三种类型：

(1)质量特性和影响因素之间的关系。

(2)质量特性和质量特性之间的关系。

(3)影响因素和影响因素之间的关系。

可以用 y 和 x 分别表示质量特性值和影响因素，通过绘制相关图、计算相关系数等，分析研究两个变量之间是否存在相关关系，以及这种关系的密切程度如何，进而对相关程度密切的两个变量，通过对其中一个变量的观察控制，去估计控制另一个变量的数值，以达到保证产品质量的目的。这种统计分析方法称为相关图法。

1. 相关图的类型

相关图是利用有对应关系的两种数值画出来的坐标图。由于对应的数值反映出来的相关关系不同，所以，数据在坐标图上的散布点也各不相同。表现出来的分布状态可大体归纳为以下几种类型：

(1)强正相关：它的特点是点子的分布面较窄。当横轴上的 x 值增大时，纵坐标 y 也明显增大，散布点呈一条直线带。如图 7-12(a)所示，x 和 y 之间存在着相当明显的相关关系。

(2)弱正相关：它的特点是点子在图上散布的面积较宽，但总的趋势是横轴上的 x 值增大时，纵轴上的 y 值也增大。如图 7-12(b)所示，其相关程度比较弱。

(3)强负相关：和强正相关所示的情况相似，它的特点也是点子的分布面较窄，只是当 x 值增大时，y 值是减小的[图 7-12(c)]。

(4)弱负相关：和弱正相关所示的情况相似，只是当横轴上的 x 值增大时，纵轴上的 y 值却随之减小[图 7-12(d)]。

(5)曲线相关：图 7-12(e)所示的散布点不是呈线性散布，而是呈曲线散布，它表明两个变量间具有某种非线性相关关系。

(6)不相关：它的特点是在相关图上点子的散布没有规律性。横轴上的 x 值增大时，纵

轴上的 y 值可能增大，也可能减小，即 x 和 y 间无任何关系[图 7-12(f)]。

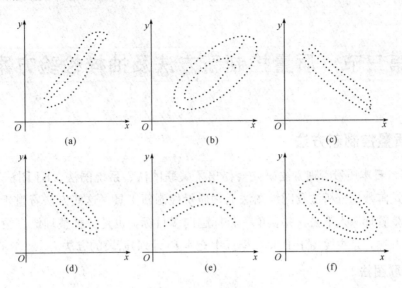

图 7-12 各类相关图

(a)强正相关；(b)弱正相关；(c)强负相关；(d)强负相关；(e)曲线相关；(f)不相关

2. 相关图绘制实例

分析混凝土抗压强度和水胶比之间的关系。

(1)收集数据。要成对地收集两种质量数据，数据不得过少。本例的数据见表 7-14。

表 7-14 混凝土抗压强度与水胶比统计资料

	序号	1	2	3	4	5	6	7	8
x	水胶比(W/C)	0.4	0.45	0.5	0.55	0.6	0.65	0.7	0.75
y	混凝土抗压强度/(N·mm^{-2})	36.3	35.3	28.2	24.0	23.0	20.6	18.4	15.0

(2)绘制相关图。在直角坐标系中，一般 x 轴用来代表原因的量或较易控制的量，本例中表示水胶比；y 轴用来代表结果的量或不易控制的量，本例中表示混凝土抗压强度。通过在数据中相应的坐标位置上描点，便得到散布图，如图 7-13 所示。

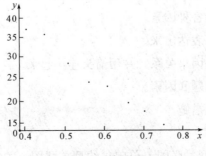

图 7-13 相关图

第三节　质量控制新方法及抽样检验方案

一、质量控制新方法

1979 年，日本质量管理方法研究会提出了关联图法、系统图法、KJ 图法、PDPC 法、矩阵图法、矩阵数据分析法及网络图法七种质量控制新工具。这些方法着重于思考性，引导人们将质量管理深入下去，并从单一目标趋向多目标，也是一种整理语言情报的方法和记载过程的方法，是主要用于 PDCA 循环中充实 P(计划)阶段的方法。

(一)关联图法

关联图是指用图示将主要因素间的因果关系用箭头连接起来，确定终端因素，提出解决措施的有效方法。关联图表示的基本形式是把问题和要因圈起来，用箭头表示其因果关系，箭头总是从原因指向结果或从目的指向手段，如图 7-14 所示。

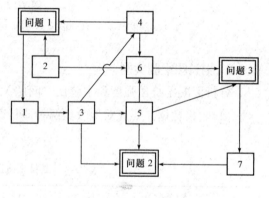

图 7-14　关联图

1. 关联图的基本构成

(1)将所表示的问题和主要原因用"○"或"□"圈起来。

(2)用箭头将问题和因素之间的关系连接起来。箭头的方向是：原因→结果或目的→手段。

(3)应解决的问题或完成的项目，用"◎"或"□"圈起来。

(4)重点问题和重点项目用粗线醒目地标出来。

(5)"□"内的用语，应简明、通俗、准确。

2. 关联图的绘制步骤

(1)提出解决某一问题的各种因素。

(2)用简明、确切的文字表达出来。

(3)确定问题和因素间的因果关系，并用箭头连接起来。

(4)重复校对补充遗漏问题和因素。

(5)确定终端因素，采取措施。

3. 关联图的分类

关联图可分为中央集中型关联图、单向集约型关联图、关系表示型关联图和应用型关联图四种类型。

(1)中央集中型关联图：将重要问题或终端因素安排在中央，从关系最近要因排列，逐步向周围扩散，如图 7-15 所示。

(2)单向集约型关联图：将重要项目或应解决的问题安排在右侧，将各要因按主要因果关系的顺序从左向右排列，如图 7-16 所示。

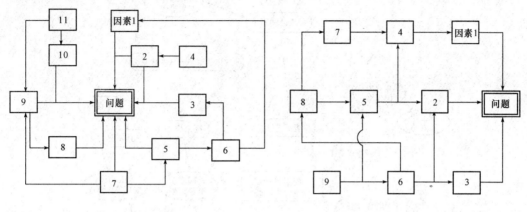

图 7-15　中央集中型关联图　　　　　　图 7-16　单向集约型关联图

(3)关系表示型关联图：用箭线将各活动项目间或主要因素间的因果关系灵活地连接起来，如图 7-17 所示。

(4)应用型关联图：以上述三种形式为基础加以组合运用，外加部门名称、工序、材料等形成应用型关联图，如图 7-18 所示。

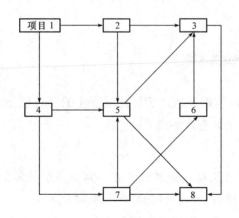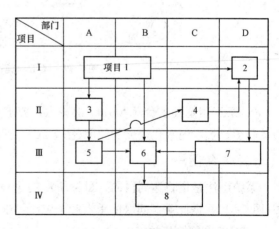

图 7-17　关系表示型关联图　　　　　　图 7-18　应用型关联图

4. 关联图的用途

(1)制定全面质量管理计划。

(2)制定质量保证与质量管理的方针。

(3)制定生产过程的质量改进措施。

(4)解决工期、工序管理上的问题。

(5)改进各部门的工作。

5. 关联图绘制实例

(1)某工程施工质量一直无法提高,试用关联图寻找其原因(图 7-19),以改进工程施工过程质量。

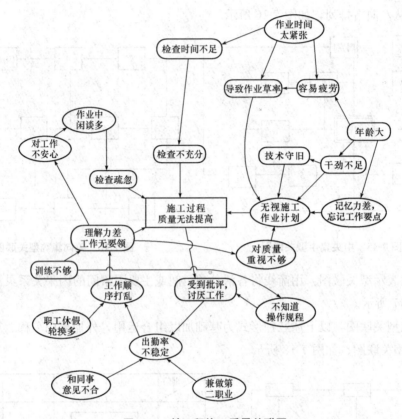

图 7-19　某工程施工质量关联图

(2)某工程基础承台 6 700 m³ 混凝土,要求一次浇捣完成。为保证混凝土的浇筑质量,用关联图寻找水泥水化热大的原因(图 7-20),然后采取有效措施予以解决。

(二)系统图法

系统图法是指将达到目的、目标所需的手段和方法按系统展开,并绘制成层层分解的图(图 7-21),据此掌握问题的重点和全貌,寻求实现目的、目标的最佳手段和方法。

1. 系统图绘制步骤

(1)制定目的(目标),并将其记在大纸的左端。

(2)提出手段和办法。

(3)将手段或办法制成卡片。

(4)将卡片贴在目标的右端。

(5)将此手段、办法看成目的,再提出达到此目的的手段和办法,逐级向下展开,形成系统图。

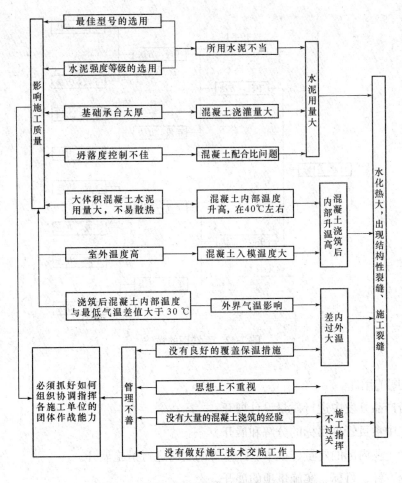

图 7-20　某基础承台混凝土浇筑质量关联图

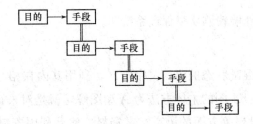

图 7-21　系统图示意

(6)确认目的。由最后一级手段逐步向上级手段(目的)检查,看是否能真正实现此目的。

(7)制定实施计划。将系统图的各项手段具体化,定出实施内容、日程及责任分工等。

(8)系统图的做法如图 7-22 所示。

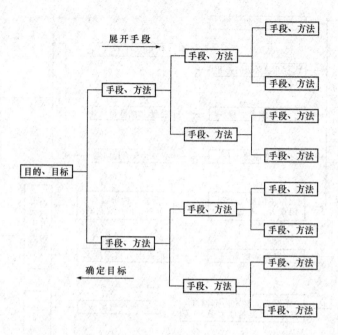

图 7-22　系统图的做法

2. 系统图的用途

(1)在新产品开发中进行质量设计展开。

(2)施工中项目管理目标的分解和展开。

(3)解决企业内部的质量、成本、产量等问题时进行措施展开。

(4)企业方针、目标、实施事项的展开。

(5)明确部门职能、管理职能和寻求有效的措施。

3. 系统图绘制实例

图 7-23 所示为清水外墙粉刷质量保证系统图。

(三)KJ 图法

KJ 图法是指将处于混乱状态的语言文字资料,利用其内在相互关系加以归类整理,然后找出解决问题的方法。KJ 图的主体方法为 A 型图解,就是对未知、未实践过的领域中的混乱问题,收集意见、设想等方面的语言文字资料,然后利用资料间相互接近的原则进行归类,从而找出解决问题的途径。

1. KJ 图的基本形式

KJ 图的基本形式如图 7-24 所示。

2. KJ 图的绘制步骤

KJ 图不需将现象数量化,它只需要搜集语言、文字之类的资料,然后把它们综合归纳为问题。其步骤如下:

(1)确定分析的题目。

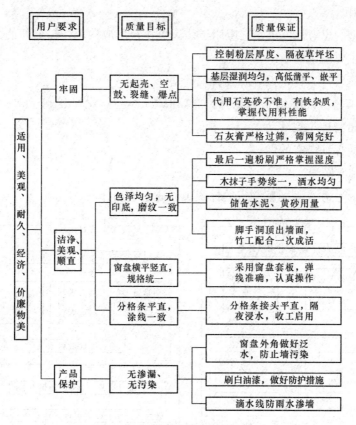

图 7-23　清水外墙粉刷质量保证系统图

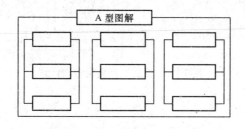

图 7-24　KJ 图的基本形式

（2）收集语言、文字资料。

（3）将语言文字资料制成卡片。

（4）将内容相近的卡片集中在一起，即根据语言文字的亲和性来归纳卡片。

（5）将各组卡片列出标题，并将不合适的卡片剔除。

（6）将每组卡片展开，排列位置，将其贴在一张大纸上。

（7）将上述用文字卡片制成的图，以文字形式或口头发表出来，并提出自己的观点。

3. KJ 图的用途

KJ 图是典型的思考性方法，它应用于认识事物，形成构思，提出新的方针计划和贯彻方针。KJ 图的主要用途如下：

(1)制定质量管理方针，拟订质量管理计划。

(2)制定新工艺、新技术的质量方针与计划。

(3)开展质量管理小组活动。

(4)研究质量保证应有的做法。

4. KJ 图绘制实例

图 7-25 所示为用 A 型图解制定的抹灰工程质量管理计划。

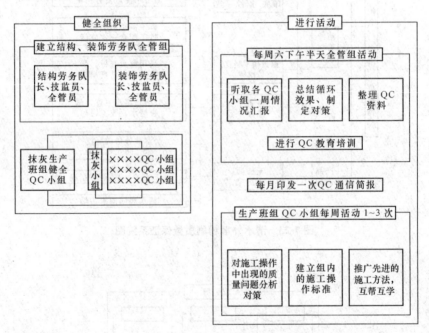

图 7-25 抹灰工程质量管理计划

(四)PDPC 法

PDPC 法又称过程决策程序图，是指在事态进展中(动态下)处理问题的方法。实际工作中，按照静态的系统图去执行目标时，很可能会出现预先没有估计到的问题，因此，不可能像开始预计的那样使工作顺利地进行下去。PDPC 法兼顾预见性和随机应变性。在编制 PDPC 图时，不仅提出各阶段的目标和手段(类似系统图)，而且还预测实施的各种结果，尽量预先采取措施，以达到令人满意的结果。如果在实施过程中发生了意外情况，应立即对原 PDPC 图作出修改或补充。

1. PDPC 法的形式

(1)形式 I 。

1)最终状态为理想状态，如图 7-26(a)所示。A_0 出发趋向终点 Z，中间采取 A_1，A_2，

A_3，…，A_p 及 B_1，B_2，…，B_a 等措施。若这两条路行不通，再制定替代方案 C 与 D。

2）最终状态为非理想状态，如图 7-26(b)所示。B_p 是重大事故状态，是不希望的状态，这时必须切断此通路，可将 A_2 状态引导到 A_3 或 A_5 两条路上去。B_1，B_2，…，B_p，…，B_n 为互不相容事件，B_p 为包含致命缺陷的事态。

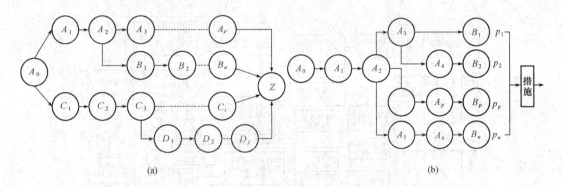

图 7-26　形式 I

(a)形式 I（最终状态为理想状态）；(b)形式 I（最终状态为非理想状态）

（2）形式 II（图 7-27）：首先给定理想状态（或不理想状态）Z，然后从各种观点出发，设想从 Z 到达初期状态 A_0 的状态。

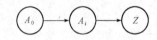

图 7-27　形式 II

2. PDPC 法的做法

PDPC 法可按以下步骤进行制作：

（1）邀请各方面的人员讨论所要解决的问题。会前先提出一系列实施项目的初步方案，以便大家发表意见。

（2）从讨论中选定需要研究的事项。

（3）预测实施结果，如果措施无法实施或实施效果不佳，则应进一步提出另外的方案。

（4）确定各项目实施的先后顺序，用箭头向理想状态连线。

（5）不同线路上的相关事项可用虚线连接起来。

（6）负责几条线路的实施部门，应将这几条线路用细线圈起来。

（7）确定过程终了的预定日期。

3. PDPC 法的用途

PDPC 法主要适用于下列几个方面：

（1）预测计划阶段，邀请各方面的人员讨论所要解决的问题。

（2）制定措施。

（3）方案评估。

（4）优化路径。

（5）明确分工。

4. PDPC 法的应用实例

图 7-28 所示是想把现有设备生产产品 A 的生产率提高 20%，即达到 Z 时所作的

PDPC 图。

对于这一研究对象，一方面，希望在 A 的路径上通过提高机械速度提高效率 10%，并考虑了机械故障而准备了 B_1 的对策；另一方面，在 C 的路径上，以提高开工率来实现余下的提高效率 10% 的目标。

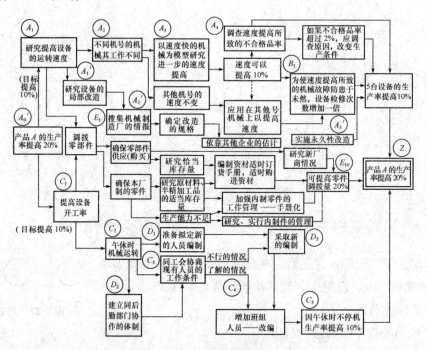

图 7-28　提高生产率的 PDPC 图

(五)矩阵图法

矩阵图法是指将问题的成对因素(如因果因素、质量特性与质量要求的对应关系、应保证的质量特性与负责部门的关系等)排成行与列的图(图 7-29)。根据某行与某列的关系密切与否，用不同符号表示于该行与列之交点，以便找到问题之所在。

		A 类因素					
		A_1	A_2	...	A_j	...	A_n
B 类因素	B_1	●	●				
	B_2		○		○		
	⋮						
	B_i		○		●		
	⋮						
	B_m						○

图 7-29　矩阵图

矩阵图法的主要用途包括确定系统产品的研制或改革的重点、原材料的质量展开、建立或加强能使产品质量与管理机能相关联的质量保证体制、追查生产过程的不良原因等。

1. 矩阵图的形式

(1)L形矩阵图。这是一种最基本的矩阵图，它是将由 A 要素与 B 要素组成的事件按行与列排列成的矩阵图，如图 7-30 所示。L形矩阵图适用于探讨多种目的与多种手段之间、多种结果与多种原因之间的关系。

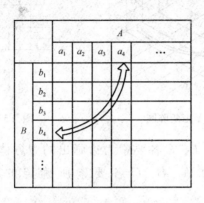

图 7-30　L 形矩阵图

(2)T形矩阵图。T形矩阵图是 A 要素与 B 要素的 L 形矩阵图同 A 要素与 C 要素的 L 形矩阵图的组合使用的矩阵图(图 7-31)，即 A 要素分别与 B、C 要素相对应的矩阵图。

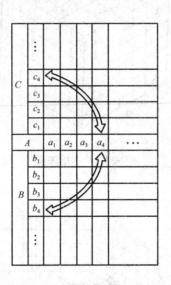

图 7-31　T 形矩阵图

(3)Y形矩阵图。Y形矩阵图将三个 L 形矩阵图组合在一起，构成 Y 形矩阵图(图 7-32)，即 A 要素与 B 要素、B 要素与 C 要素、C 要素与 A 要素三个 L 形矩阵组合使用。

(4)X形矩阵图。X形矩阵图将四个 L 形矩阵图组合在一起，构成 X 形矩阵图(图 7-33)，即 A 要素与 B 要素、B 要素与 C 要素、C 要素与 D 要素、D 要素与 A 要素四个 L 形矩阵组合使用。

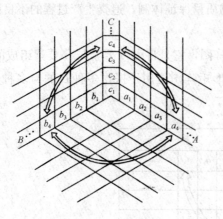

图7-32　Y形矩阵图

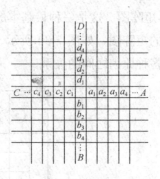

图7-33　X形矩阵图

(5)C形矩阵图。以 A、B、C 各要素为边画出的立方体即 C 形矩阵图（图7-34）。C形矩阵图的特点，是由 A、B、C 各要素所确定的三维空间的点为"着眼点"（图7-35）。

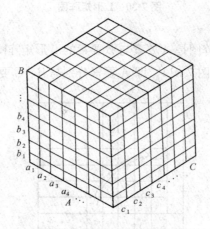

图7-34　C形矩阵图

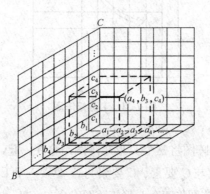

图7-35　C形矩阵图的展开图

(6)系统图与矩阵图的组合。如果作矩阵图所取的对应要素 A、B 确定了，可将每一个要素利用系统图予以展开，直到得出具有意义的末级水平要素 a_1，a_2，…及 b_1，b_2，…，然后将各 a，b 对应起来即可作出矩阵图。

2. 矩阵图的应用

图 7-36 所示为自动化搅拌站的集料称量与最佳设计机能的系统矩阵图示意。

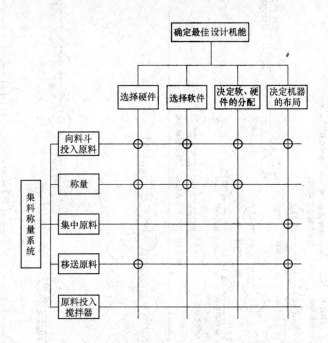

图 7-36　自动化搅拌站的集料称量与最佳设计机能的系统矩阵图示意

(六)矩阵数据分析法

当矩阵图上各要素间的关系能够定量表示时，通过计算来分析整理数据的方法，称为矩阵数据分析法。矩阵数据分析法的主要用途有：分析由各种复杂因素组成的工序；分析由大量数据组成的不良因素；根据市场调查资料掌握用户质量要求；对复杂质量进行评价；把功能特征分类体系化等。

矩阵数据分析法的计算方法，采用手工计算是较为烦琐的，如果能使用计算机及相应的程序，计算工作就可大大简化，更便于推广应用。

(七)网络图法

网络图又称箭头图、矢线图，即用节点和箭线连成网状图的形式，反映和表达在规定的时间内生产出符合质量要求的产品的计划安排。网络图可分为单代号网络图和双代号网络图两种。图 7-37 所示为用网络图法制定的工程质量计划。

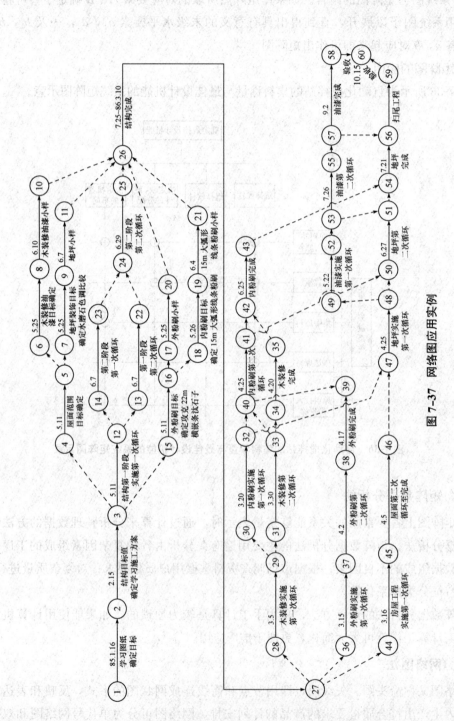

图 7-37 网络图应用实例

上述七种新方法的运用与关系如图 7-38 所示。

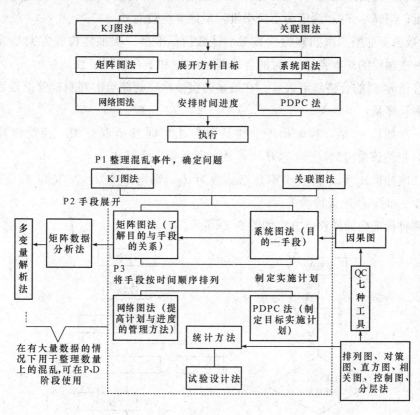

图 7-38 七种新方法的运用与关系

二、抽样检验方案

抽样检验是衡量和反映工程质量好坏的重要手段与方法，是保证工程安全性、耐久性和使用功能的有效手段。

抽样检验方案是根据检验项目特性所确定的抽样数量、接受标准和方法。如在简单的计数值抽样检验方案中，主要是确定样本容量 n 和合格判定数，即允许不合格品件数 c，记作方案 $(n，c)$。

检验是对检验项目中的性能进行量测、检查、试验等，并将结果与标准规定要求进行比较，以确定每项性能是否合格所进行的活动。它包括对每一个体的缺陷数目或某种属性记录的计数检验和对每一个体的某个定量特性量测的计量检验。

(一)常用抽样检验方案类型

1. 标准型抽样检验方案

(1)计数值标准型一次抽样检验方案。计数值标准型一次抽样检验方案是规定在一定样本容量 n 时的最高允许批的合格判定数 c，记作 $(n，c)$，并在一次抽检后给出判断检验批是否合格的结论。c 值一般为可接受的不合格品数，也可以是不合格品率，或者是可接受的每百单位缺陷数。在实际抽检时，检验出不合格品数为 d，则当 $d \leqslant c$ 时，判定为合格批，接受该检验批；当 $d > c$ 时，判定为不合格批，拒绝该检验批。

（2）计数值标准型二次抽样检验方案。计数值标准型二次抽样检验方案是规定两组参数，即第一次抽检的样本容量 n_1 时的合格判定数 c_1 和不合格判定数 $r_1 (c_1 < r_1)$，第二次抽检的样本容量 n_2 时的合格判定数 c_2。在最多两次抽检后就能给出判断检验批是否合格的结论。其检验程序是：

1）第一次抽检 n_1 后，检验出不合格品数为 d_1，则当 $d_1 \leqslant c_1$ 时，接受该检验批；当 $d_1 \geqslant r_1$ 时，拒绝该检验批；当 $c_1 < d_1 < r_1$ 时，抽检第二个样本。

2）第二次抽检 n_2 后，检验出不合格品数为 d_2，则当 $d_1 + d_2 \leqslant c_2$ 时，接受该检验批；当 $d_1 + d_2 > c_2$ 时，拒绝该检验批。

以上两种标准型抽样检验方案如图 7-39 所示。

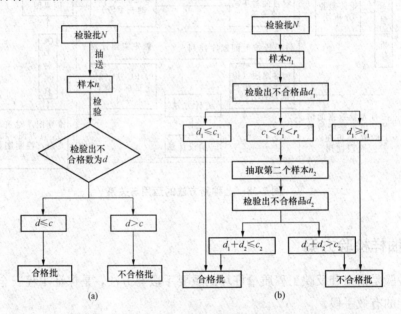

图 7-39 标准型抽样检验方案
(a)计数值标准型一次抽样检验方案；(b)计数值标准型二次抽样检验方案

2. 分选型抽样检验方案

计数值分选型抽样检验方案基本与计数值标准型一次抽样检验方案相同，只是在抽检后给出检验批是否合格的判断结论和处理有所不同，即实际抽检时，检验出不合格品数为 d，则当 $d \leqslant c$ 时，接受该检验批；当 $d > c$ 时，对该检验批余下的个体产品全数检验。

3. 调整型抽样检验方案

计数值调整型抽样检验方案是在对正常抽样检验的结果进行分析后，根据产品质量的好坏、过程是否稳定，按照一定的转换规则对下一次抽样检验判断的标准加严或放宽的检验。调整型抽样检验方案加严或放宽的规则如图 7-40 所示。

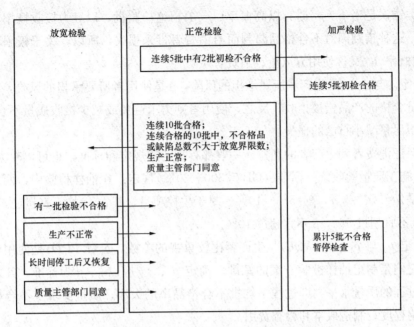

图 7-40　调整型抽样检验方案加严或放宽的规则

(二)抽样方案参数的确定

实际抽样检验方案中既可能将合格批判为不合格批，错误地拒收；也可能将不合格批判为合格批，错误地接收。错误的判断将带来相应的风险，这种风险的大小可用概率来表示，如图 7-41 所示。

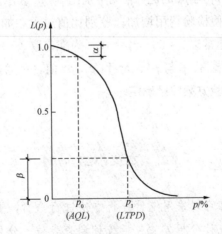

图 7-41　抽样检验方案的风险

第一类错误是当 $p=p_0$ 时，以高概率 $L(p)=1-\alpha$ 接收检验批，以 α 为拒收概率将合格批判为不合格。由于对合格品的错判将给生产者带来损失，所以，关于合格质量水平 p_0 的概率 α，又称供应方风险、生产方风险等。

第二类错误是当 $p = p_1$ 时，以高概率 $(1 - \beta)$ 拒绝检验批，以 β 为接收概率将不合格批判为合格。这种错判因对不合格品漏判而给消费者带来损失，所以，关于极限不合格质量水平 p_1 的概率 β，又称使用方风险、消费者风险等。

(1)确定 α 与 β。α 是生产者所要承担的风险，β 是使用者所要承担的风险，生产者特别要防止质量合格的产品错被拒收；反之，使用者则力求避免或减少接收质量不合格的产品，双方都希望尽量减小自己的损失。

为了保证消费者和生产者的利益，一般都有一定的规定和标准，也可以双方协商确定。《建筑工程施工质量验收统一标准》(GB 50300—2013)规定：在抽样检验中，两类风险一般控制范围是 $\alpha = 1\% \sim 5\%$，$\beta = 5\% \sim 10\%$。对于主控项目，其 α、β 均不宜超过 5%；对于一般项目，α 不宜超过 5%，β 不宜超过 10%。

(2)确定 p_0 与 p_1。p_0(AQL)是生产者比较重视的参数，p_1(LTPD)是使用者比较重视的参数，它们是制定抽样检验方案的基础，确定 p_0、p_1 应以 α、β 为标准。其影响因素还包括生产过程的质量水平，即过程平均批不合格品率的大小；质量要求及不合格品对使用性能的影响程度；制造成本和检查费用。

1)p_0 一般由使用方和供应方协商确定，其计算公式如下：

$$\text{检验盈亏点 } P_b = \frac{\text{检验一件产品的成本}(a)}{\text{一件不合格品造成的损失}(b)}$$

P_b 值越小，表示产品质量问题越严重，造成的损失越大。对于致命缺陷、严重缺陷，p_0 值应取得小些，即 $p_0 = 0.1\%$、0.3%、0.5% 等；对于轻微缺陷，出于经济考虑，p_0 值可取得大些，即 $p_0 = 3\%$、5%、10% 等。

2)在抽样检验方案中，p_1 与 p_0 的比例常用鉴别比 p_1/p_0 表示。鉴别比值过小，如 $p_1/p_0 \leqslant 3$，会因增加抽检数量 n 而使检验费用增加；鉴别比值过大，如 $p_1/p_0 > 20$，又会放松对质量的要求，对用户不利。通常以 $\alpha = 5\%$，$\beta = 10\%$ 为准，取 $p_1 = (4 \sim 10)p_0$。

(3)确定抽检方案。根据 α、β 与 p_0、p_1 和 p_1/p_0 值，可通过公式计算，查图、查表得到 n、c 值。至此，抽样检验方案即已确定。

本章小结

建设工程质量问题大都可以采用统计分析方法进行分析，查找原因，找出相应的纠正措施。质量控制中常用的统计分析方法包括统计调查表法、分层法、排列图法、因果分析图法、直方图法、控制图法、相关图法，除此还有关联图法、系统图法、KJ 图法、PDPC 法、矩阵图法、矩阵数据分析法、网络图法等质量控制新方法。

一、填空题

1. 母体可分为_____和_____两种。

2. 母体多用于_____，子样多用于_____。

3. _____是指由个体产品质量特性值组成的样本（总体）质量数据集。

4. 根据质量数据的特点，可以将其分为_____和_____。

5. 凡是可以连续取值的，或者可以用测量工具具体测读出小数点以下数值的数据，叫作_____。

6. _____是对总体中的全部个体逐一观察、测量、计数、登记，从而获得对总体质量水平评价结论的方法。

7. 随机抽样的具体方法有_____、_____、_____、_____和_____。

8. _____是由样本数据计算的描述样本质量数据波动规律的指标。

9. _____和_____是描述数据集中趋势的特征值。

10. _____是用标准差除以算术平均数得到的相对数。

11. 直方图法的缺点是_____。

12. 常见直方图的典型形状有_____、_____、_____、_____、_____、_____和_____。

13. _____、_____是质量控制的静态分析法，反映的是质量在某一段时间里的静止状态。

二、选择题

1. 质量数据在统计上称为（　　）。
   A. 常量　　　　　　B. 变量　　　　　　C. 变量值　　　　　　D. 计量数据

2. （　　）是数据中最大值与最小值之差，是用数据变动的幅度来反映其分散状况的特征值。
   A. 算数平均数　　　B. 样本中位数　　　C. 极差　　　　　　D. 标准偏差

3. （　　）是将调查收集的原始数据，根据不同的目的和要求，按某一性质进行分组、整理的分析方法。
   A. 统计调查表法　　B. 分层法　　　　　C. 排列图法　　　　D. 控制图法

4. 绘制分析用控制图时，一般需连续抽取（　　）组样本数据，计算控制界限。
   A. 10～15　　　　　B. 20～25　　　　　C. 30～35　　　　　D. 40～45

5. （　　）是用图示将主要因素间的因果关系用箭头连接起来，确定终端因素，提出解决措施的有效方法。

A. 关联图　　　　　　B. 直方图　　　　　　C. 排列图　　　　　　D. 控制图

三、问答题

1. 分层法常用的分层标志有哪些?
2. 简述排列图法的作图步骤。
3. 因果分析图的绘制应注意哪些事项?
4. 控制图的作用是什么?
5. 简述关联图的绘制步骤。
6. 系统图的用途是什么?
7. PDPC 法的用途是什么?

第八章 工程质量问题和质量事故的处理

学习目标

了解工程质量问题的特点和成因，熟悉工程常见质量问题和质量事故的类型和质量事故的处理依据，掌握工程质量问题和质量事故的处理方式方法、处理程序及事故处理资料管理。

能力目标

通过本章内容的学习，能够正确处理工程建设过程中的各种不同类型的质量问题和质量事故，并能够进行事故处理资料的管理。

第一节 工程质量问题及其处理

一、质量问题的特点

凡是质量不合格的工程，必须进行返修、加固或报废处理，其造成的直接经济损失低于5 000元的称为质量问题。

根据我国有关质量、质量管理和质量保证方面的国家标准的定义，凡工程产品质量没有满足某个规定的要求，就称之为质量不合格；而没有满足某个预期的使用要求或合理的期望，则称之为质量缺陷。

工程质量问题具有复杂性、严重性、可变性和多发性的特点。

1. 复杂性

工程质量缺陷的复杂性，主要表现在引发质量缺陷的因素复杂，从而增加了对质量缺陷的性质、危害的分析、判断和处理的复杂性。例如，建筑物的倒塌，其原因可能是未认真进行地质勘察，地基的容许承载力与持力层不符；也可能是未处理好不均匀地基，产生过大的不均匀沉降；或是盲目套用图纸，结构方案不正确，计算简图与实际受力不符；或是荷载取值过小，内力分析有误，结构的刚度、强度、稳定性差；或是施工偷工减料、不按图施工、施工质量低劣；或是建筑材料及制品不合格，擅自代用材料等原因所造成。由此可见，即使是同一性质的质量问题，原因有时也截然不同，所以，在处理质量问题时，必须深入地进行调查研究，针对其质量问题的特征作具体分析。

2. 严重性

项目质量缺陷，轻者影响施工顺利进行，拖延工期，增加工程费用；重者会给工程留下隐患，影响安全使用或不能使用；更严重的是引起建筑物倒塌，造成人生命财产的巨大损失。

3. 可变性

许多工程质量缺陷会随着时间不断发生变化。例如，钢筋混凝土结构出现的裂缝将随着环境湿度、温度的变化而变化，或随着荷载的大小和持荷时间而变化；建筑物的倾斜，将随着附加弯矩的增加和地基的沉降而变化；混合结构墙体的裂缝也会随着温度应力和地基的沉降量而变化；甚至有的细微裂缝，也可以发展成构件断裂或结构物倒塌等重大事故。所以，在分析、处理工程质量问题时，一定要特别重视质量事故的可变性，应及时采取可靠的措施，以免事故进一步恶化。

4. 多发性

工程项目中有些质量缺陷，就像"常见病""多发病"一样经常发生，而成为质量通病，如屋面、卫生间漏水，抹灰层开裂、脱落，地面起砂、空鼓，排水管道堵塞，预制构件裂缝等。另有一些同类型的质量缺陷，也往往一再发生，如雨篷的倾覆，悬挑梁、板的断裂，混凝土强度不足等。因此，吸取多发性事故的教训，认真总结经验，是避免事故重复发生的有效措施。

二、质量问题的成因

建筑工程工期较长，所用材料品种繁杂，在施工过程中，受社会环境和自然条件方面异常因素的影响，导致工程质量问题的表现形式千差万别，类型多种多样。这使引起工程质量问题的成因也错综复杂，一项质量问题往往是由于多种原因引起的。虽然每次发生质量问题的类型各不相同，但是通过对大量质量问题的调查与分析发现，其发生的原因有不少相同或相似之处，归纳其最基本的因素主要有以下几个方面。

1. 违背建设程序

建设程序是工程项目建设过程及其客观规律的反映。不按建设程序办事，例如，未搞清楚地质情况就仓促开工，边设计、边施工，无图施工，工程竣工进行试车运转，不经竣工验收就交付使用等往往是导致工程质量问题的重要原因。

2. 违反法规行为

违反法规行为是指无证设计、无证施工，越级设计、越级施工，工程招投标中的不公

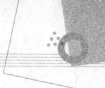

平竞争，超常的低价中标，非法分包、转包、挂靠，擅自修改设计等行为。

3. 地质勘察失真

未认真进行地质勘察，提供的地质资料、数据有误；地质勘察时，钻孔间距太大，不能全面反映地基的实际情况，如当基岩地面起伏变化较大时，软土层厚薄相差也很大；地质勘察钻孔深度不够，没有查清地下软土层、滑坡、墓穴、孔洞等地层构造；地质勘察报告不详细、不准确等，均会导致采用错误的基础方案，造成地基不均匀沉降、失稳，使上部结构及墙体开裂、破坏、倒塌。

4. 设计计算问题

设计考虑不周，结构构造不合理，计算简图不正确，计算荷载取值过小，内力分析有误，沉降缝及伸缩缝设置不当，悬挑结构未进行抗倾覆验算等，都是诱发质量问题的隐患。

5. 建筑材料及制品不合格

如钢筋的物理力学性能不符合标准，水泥受潮、过期、结块、安定性不良，砂石级配不合理，有害物含量过多，混凝土配合比不准，外加剂性能、掺量不符合要求时，均会影响混凝土的强度、和易性、密实性、抗渗性，导致混凝土结构强度不足、裂缝、渗漏、蜂窝、露筋等质量问题；预制构件断面尺寸不准，支承锚固长度不足，未可靠建立预应力值，钢筋漏放、错位，板面开裂等，必然会导致断裂、垮塌。

6. 施工和管理问题

许多工程质量问题，往往是施工和管理不善所造成的。通常表现为以下几个方面：

(1)不熟悉图纸，盲目施工；图纸未经会审，仓促施工。未经监理、设计部门同意，擅自修改设计。

(2)不按图施工。例如，把铰接做成刚接，把简支梁做成连续梁，抗裂结构用光圆钢筋代替变形钢筋等，致使结构裂缝破坏；挡土墙不按图设滤水层，留排水孔，致使土压力增大，造成挡土墙倾覆。

(3)不按有关施工验收规范施工。如现浇混凝土结构不按规定的位置和方法留设施工缝；不按规定的强度拆除模板；砌体不按组砌形式砌筑，留直槎不加拉结条，在小于 1 m 宽的窗间墙上留设脚手眼等。

(4)不按有关操作规程施工。例如，用插入式振捣器捣实混凝土时，不按插点均布、快插慢拔、上下抽动、层层扣搭的操作方法，致使混凝土振捣不实，整体性差；砖砌体包心砌筑，上下通缝，灰浆不均匀饱满，游丁走缝，不横平竖直等都是导致砖墙、砖柱破坏、倒塌的主要原因。

(5)缺乏基本结构知识，施工蛮干。例如，将钢筋混凝土预制梁倒放安装；将悬臂梁的受拉钢筋放在受压区；结构构件吊点选择不合理，不了解结构使用受力和吊装受力的状态；施工中在楼面超载堆放构件和材料等，均会给质量和安全造成严重的后果。

(6)施工管理紊乱，施工方案考虑不周，施工顺序错误；技术组织措施不当，技术交底不清，违章作业；不重视质量检查和验收工作等，都是导致质量问题的根源。

7. 自然条件的影响

施工项目周期长，露天作业多，受自然条件影响大，温度、湿度、日照、雷电、供水、大风、暴雨等都可能造成重大的质量事故，施工中应特别重视，采取有效措施予以预防。

8. 建筑结构使用问题

建筑物使用不当，也易造成质量问题。例如，不经校核、验算，就在原有建筑物上任意加层；使用荷载超过原设计的容许荷载；任意开槽、打洞、削弱承重结构的截面等。

三、工程质量问题成因分析

影响工程质量的因素众多，一个工程质量问题的实际发生，既可能由于设计计算和施工图纸中存在错误，也可能由于施工中出现不合格或质量问题，还可能由于使用不当，或者由于设计、施工，甚至使用、管理、社会体制等多种原因的复合作用。要分析究竟是何种原因所引起的，必须对质量问题的特征表现，以及其在施工中和使用中所处的实际情况和条件进行具体分析。对工程质量问题进行分析时经常用到的方法是成因分析方法，其基本步骤和要领可概括为以下几个方面。

1. 基本步骤

(1)进行细致的现场研究，观察记录全部实况，充分了解与掌握引发质量问题的现象和特征。

(2)收集、调查与问题有关的全部设计和施工资料，分析、摸清工程在施工或使用过程中所处的环境。

(3)找出可能产生质量问题的所有因素。分析、比较和判断，找出最可能造成质量问题的原因。

(4)进行必要的计算分析或模拟试验予以论证确认。

2. 事故调查报告

事故发生后，应及时组织调查处理。调查的主要目的是确定事故的范围、性质、影响和原因等，通过调查为事故的分析与处理提供依据，并力求全面、准确、客观。要将调查结果整理撰写成事故调查报告，其内容包括以下几个方面：

(1)工程概况。重点介绍事故有关部分的工程情况。

(2)事故情况。介绍事故发生的时间、性质、现状及发展变化的情况。

(3)是否需要采取临时应急防护措施。

(4)事故调查中的数据、资料。

(5)事故原因的初步判断。

(6)事故涉及人员与主要责任者的情况等。

3. 分析要领

分析要领的基本原理如下：

(1)确定质量问题的初始点，即所谓原点，它是一系列独立原因集合起来形成的爆发点。其因反映了质量问题的直接原因，而在分析过程中具有关键性作用。

（2）围绕原点对现场的各种现象和特征进行分析，区别导致同类质量问题的不同原因，逐步揭示质量问题萌生、发展和最终形成的过程。

（3）综合考虑原因的复杂性，确定诱发质量问题的起源，即真正原因。工程质量问题原因分析反映的是一堆模糊不清的事物和现象的客观属性与联系，它的准确性与管理人员的能力学识、经验和态度有极大关系，其结果不是简单的信息描述，而是逻辑推理的产物，可用于工程质量的事前控制。

四、工程质量问题的处理方式

工程质量问题是由工程质量不合格或工程质量缺陷引起的。在任何工程施工过程中，由于种种主观和客观原因，出现不合格项或质量问题往往难以避免。

在各项工程的施工过程中或完工以后，现场监理人员如发现工程项目存在不合格项或质量问题，应根据其性质和严重程度按以下方式处理：

（1）当因施工而引起的质量问题在萌芽状态时，应及时制止，并要求施工单位立即更换不合格材料设备或不称职人员，或要求施工单位立即改变不正确的施工方法和操作工艺。

（2）当因施工而引起的质量问题已出现时，应立即向施工单位发出《监理通知》；要求其对质量问题进行补救处理，并采取足以保证施工质量的有效措施后，填写《监理通知回复单》报监理单位。

（3）当某道工序或分项工程完工以后，出现不合格项时，监理工程师应填写《不合格项处置记录》，要求施工单位及时采取措施予以整改。监理工程师应对其补救方案进行确认，跟踪处理过程，对处理结果进行验收，否则不允许进行下道工序或分项施工。

（4）在交工使用后的保修期内发现的施工质量问题，监理工程师应及时签发《监理通知》，指令施工单位进行修补、加固或返工处理。

五、工程质量问题的处理程序

当发生工程质量问题时，监理工程师应按以下程序进行处理，如图 8-1 所示。

（1）当发生工程质量问题时，监理工程师首先应判断其严重程度。对可以通过返修或返工弥补的质量问题可签发《监理通知》，责成施工单位写出质量问题调查报告，提出处理方案，填写《监理通知回复单》报监理工程师审核后，批复承包单位处理，必要时应经建设单位和设计单位认可，对处理结果应重新进行验收。

（2）对需要加固补强的质量问题，或质量问题的存在影响下道工序和分项工程的质量时，应签发《工程暂停令》，指令施工单位停止有质量问题部位和与其有关联部位及下道工序的施工。必要时，应要求施工单位采取防护措施，责成施工单位写出质量问题调查报告。由设计单位提出处理方案，并征得建设单位同意，批复承包单位处理。对处理结果应重新进行验收。

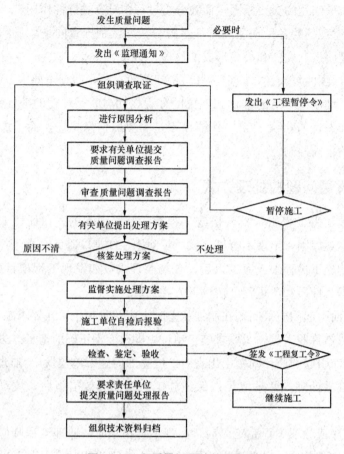

图 8-1　工程质量问题的处理程序

(3)施工单位接到《监理通知》后，在监理工程师的组织参与下，尽快进行质量问题调查并完成报告编写。

调查的主要目的是明确质量问题的范围、程度、性质、影响和原因，为问题处理提供依据，调查应力求全面、详细、客观准确。

第二节　质量事故及其处理

一、工程质量事故的分类

建设工程质量事故的分类方法有多种，既可按事故损失的严重程度划分，又可按其产生的原因划分，也可按其造成的后果或事故责任等划分。

1. 按事故损失的严重程度划分

(1)一般质量事故。凡具备以下条件之一者为一般质量事故：

1)直接经济损失在 5 000 元(含 5 000 元)以上，不满 50 000 元的。

2)影响使用功能和工程结构安全，造成永久质量缺陷的。

(2)严重质量事故。凡具备以下条件之一者为严重质量事故：

1)直接经济损失在 50 000 元(含 50 000 元)以上，不满 10 万元的。

2)严重影响使用功能或工程结构安全，存在重大质量隐患的。

3)事故性质恶劣或造成 2 人以下重伤的。

生产安全事故报告
和调查处理条例

(3)重大质量事故。凡具备以下条件之一者为重大质量事故，属建设工程重大事故范畴：

1)工程倒塌或报废。

2)由于质量事故，造成人员死亡或重伤 3 人以上。

3)直接经济损失在 10 万元以上。

建设工程重大事故分为以下四级：凡造成死亡 30 人以上，或直接经济损失 300 万元以上为一级；凡造成死亡 10 人以上、29 人以下，或直接经济损失 100 万元以上、不满 300 万元为二级；凡造成死亡 3 人以上、9 人以下，或重伤 20 人以上，或直接经济损失 30 万元以上、不满 100 万元为三级；凡造成死亡 2 人以下，或重伤 3 人以上、19 人以下，或直接经济损失 10 万元以上、不满 30 万元为四级。

(4)特别重大事故。发生一次死亡 30 人及以上，或直接经济损失达 500 万元及以上，或其他性质特别严重的均属特别重大事故。

上述等级划分中"以上"包括本数，"以下"不包括本数。

2. 按事故产生的原因划分

(1)技术原因引发的质量事故。技术原因引发的质量事故主要指在工程项目实施中由于设计、施工在技术上的失误而造成的事故。例如，结构设计计量错误、地质情况估计错误、采用了不适宜的施工方法或施工工艺等。

(2)管理原因引发的质量事故。管理原因引发的质量事故主要指管理上的不完善或失误引发的质量事故。例如，施工单位或监理方的质量体系不完善；检验制度不严密；质量控制不严格；质量管理措施落实不力；检测仪器设备管理不善而失准，进场材料检验不严格等原因引起的质量事故。

(3)社会、经济原因引发的质量事故。社会、经济原因引发的质量事故主要指由于社会、经济因素及社会上存在的弊端和不正之风引起建设中的错误行为，而导致出现质量事故。例如，某些施工企业盲目追求利润而置工程质量于不顾，在建筑市场上随意压价投标，中标后则依靠违法手段或修改方案追加工程款，或偷工减料，或层层转包。这些因素常常是导致重大工程质量事故的主要原因，应当给予充分的重视。

3. 按事故造成的后果划分

(1)未遂事故。及时发现质量问题，经及时采取措施，未造成经济损失、工期延误或其他不良后果者，均属未遂事故。

(2)已遂事故。凡出现不符合标准或设计要求，造成经济损失、工期延误或其他不良后果者，均构成已遂事故。

4. 按事故责任划分

(1)指导责任事故。其指由于工程实施指导或领导失误而造成的质量事故。例如，由于工程负责人片面追求施工进度，放松或不按质量标准进行控制和检验，降低施工质量标准等。

(2)操作责任事故。其指在施工过程中，由于实施操作者不按规程或标准实施操作而造成的质量事故。例如，浇筑混凝土时随意加水；混凝土拌合料产生了离析现象仍浇筑入模；压实土方含水量及压实遍数未按要求控制操作等。

二、工程质量事故处理的依据

工程质量事故发生后，主要应查明原因，落实措施，妥善处理，清除隐患，界定责任。进行工程质量事故处理的主要依据有四个方面，即质量事故的实况资料；具有法律效力的，得到有关当事各方认可的工程承包合同、设计委托合同、材料或设备购销合同以及监理合同或分包合同等合同文件；有关的技术文件和档案；相关的建设法规。

1. 质量事故的实况资料

要查明质量事故的原因和确定处理对策，首先要掌握质量事故的实际情况。有关质量事故实况的资料主要可来自以下几个方面：

(1)施工单位的质量事故调查报告。质量事故发生后，施工单位有责任就所发生的质量事故进行周密的调查和研究，掌握情况，并在此基础上写出调查报告，提交监理工程师和业主。在调查报告中要就与质量事故有关的实际情况作详尽的说明，其内容应包括以下几个方面：

1)质量事故发生的时间、地点。

2)质量事故状况的描述。

3)质量事故发展变化的情况。

4)有关质量事故的观测记录、事故现场状态的照片或录像。

(2)事故调查研究所获得的第一手资料。其内容大致与施工单位调查报告中的有关内容相似，可用来与施工单位所提供的情况对照、核实。

2. 有关合同和合同文件

所涉及的合同文件有工程承包合同、设计委托合同、设备与器材购销合同、监理合同及分包工程合同等。有关合同和合同文件在处理质量事故中的作用，是对施工过程中有关各方是否按照合同约定的有关条款实施其活动，界定其质量责任的重要依据。

3. 有关的技术文件和档案

(1)有关的设计文件。

(2)与施工有关的技术文件和档案资料。

1)施工组织设计或施工方案、施工计划。

2)施工记录、施工日志等。根据这些记录可以查对发生质量事故的工程施工时的情况；借助这些资料可以追溯和探寻出事故的可能原因。

3)有关建筑材料的质量证明文件资料。如材料进场的批次、出厂日期、出厂合格证书、进场验收或检验报告，施工单位按标准规定进行抽检、有见证取样的试验报告等。

4)现场制备材料的质量证明资料。如混凝土拌合料的级配、配合比、计量搅拌、运输、浇筑、振捣及坍落度记录，混凝土试块制作、标准养护或同条件养护的强度试验报告等。

5)质量事故发生后，对事故状况的观测记录，试验记录或试验、检测报告等，如对地基沉降的观测记录；对建筑物倾斜或变形的观测记录；对地基钻探取样的记录或试验报告，对混凝土结构物钻取芯样、回弹或超声检测的记录及检测结果报告等。

6)其他有关资料。

上述各类技术资料对于分析事故原因、判断其发展变化趋势、推断事故影响及严重程度，考虑处理措施等都起着重要的作用。

4. 相关建设法规

《中华人民共和国建筑法》颁布实施，对加强建筑活动的监督管理，维护市场秩序，保证建设工程质量提供了法律保障。与工程质量及质量事故处理有关的法规有以下五类：

(1)勘察、设计、施工、监理等单位资质管理方面的法规。《中华人民共和国建筑法》明确规定"国家对从事建筑活动的单位实行资质审查制度"，《建设工程勘察设计企业资质管理规定》《建筑业企业资质管理规定》和《工程监理企业资质管理规定》等法规主要涉及勘察、设计、施工和监理等单位的等级划分，明确各级企业应具备的条件，确定各级企业所能承担的任务范围，以及其等级评定的申请、审查、批准、升降管理等方面。

(2)从业者资格管理方面的法规。《中华人民共和国建筑法》规定对注册建筑师、注册结构工程师和注册监理工程师等有关人员实行资格认证制度，《中华人民共和国注册建筑师条例》《注册结构工程师执业资格制度暂行规定》等对其作了具体规定。

(3)建筑市场方面的法规。这类法律、法规主要涉及工程发包、承包活动，以及国家对建筑市场的管理活动。《中华人民共和国合同法》和《中华人民共和国招标投标法》是国家对建筑市场管理的两个基本法律。这类法律、法规、文件主要是为了维护建筑市场的正常秩序和良好环境，充分发挥竞争机制，保证工程项目质量，提高建设水平。例如，《中华人民共和国招标投标法》明确规定"投标人不得以低于成本的报价竞标"，就是防止恶性杀价竞争，导致偷工减料引起工程质量事故。《中华人民共和国合同法》明文规定，"禁止承包人将工程分包给不具备相应资质条件的单位，禁止分包单位将其承包的工程再分包。建设工程主体结构的施工必须由承包人自行完成"。对违反者处以罚款，没收非法所得直至吊销资质证书，这均是为了保证工程施工的质量，防止因操作人员素质低造成质量事故。

(4)建筑施工方面的法规。这类法规主要涉及有关施工技术管理、建设工程质量监督管理、建筑安全生产管理和施工机械设备管理、工程监理等方面的法律规定，它们都与现场施工密切相关，与工程施工质量有密切关系或直接关系。属于这类法规文件的有《关于施工管理若干规定》《建设工程质量检测工作规定》《建设行政处罚程序暂行规定》《工程建设重大事故报告和调查程序规定》《建设工程质量监督管理规定》《建筑安全生产监督管理规定》《建设工程施工现场管理规定》《建设工程质量管理办法》及近年来发布的一系列有关建设监理方面的法规文件。

(5)关于标准化管理方面的法规。这类法规主要涉及技术标准(勘察、设计、施工、安装、验收等)、经济标准和管理标准(如建设程序、设计文件深度、企业生产组织和生产能力标准、质量管理与质量保证标准等)。

建设部发布的《工程建设标准强制性条文》和《实施工程建设强制性标准监督规定》是典型的标准化管理类法规，其实施为《建设工程质量管理条例》提供了技术法规支持，是参与建设活动各方执行工程建设强制性标准和政府实施监督的依据，同时，也是保证建设工程质量的必要条件，是分析处理工程质量事故，判定责任方的重要依据。

三、工程质量事故处理的基本要求

(1)处理应达到安全可靠，不留隐患，满足生产、使用要求，施工方便，经济合理的目的。

(2)重视消除事故的原因。这不仅是一种处理方向，也是防止事故重演的重要措施，如地基由于浸水沉降出现质量问题，就应消除浸水的原因，制定防治浸水的措施。

(3)注意综合治理。既要防止原有事故的处理引发新的事故，又要注意处理方法的综合运用，如结构承载力不足时，可采取结构补强、卸荷、增设支撑、改变结构方案等方法。

(4)正确确定处理范围。除直接处理事故发生的部位外，还应检查事故对相邻区域及整个结构的影响，以正确确定处理范围。例如，因板的承载力不足而进行加固时，往往从板、梁、柱到基础均要予以加固。

(5)正确选择处理事故的时间和方法。发现质量问题后，一般均应及时分析处理；但并非所有质量问题的处理都是越早越好，如裂缝、沉降、变形尚未稳定就匆忙处理，往往不能达到预期的效果。处理方法的选择，应根据质量问题的特点，综合考虑安全可靠、技术可行、经济合理、施工方便等因素，经分析比较，择优选定。

(6)加强事故处理的检查验收工作。从施工准备到竣工，均应根据有关规范的规定和设计要求的质量标准进行检查验收。

(7)认真复查事故的实际情况。在事故处理中若发现事故情况与调查报告中所述的内容差异较大，应停止施工，待查清楚问题的实质，采取相应的措施后再继续施工。

(8)确保事故处理期的安全。事故现场中不安全因素较多，应事先采取可靠的安全技术措施和防护措施，并严格检查、执行。

四、工程质量事故处理的程序

监理工程师应熟悉各级政府住房城乡建设主管部门处理工程质量事故的基本程序，特别是应把握在质量事故处理过程中如何履行自己的职责。工程质量事故发生后，监理工程师可按以下程序进行处理，如图 8-2 所示。

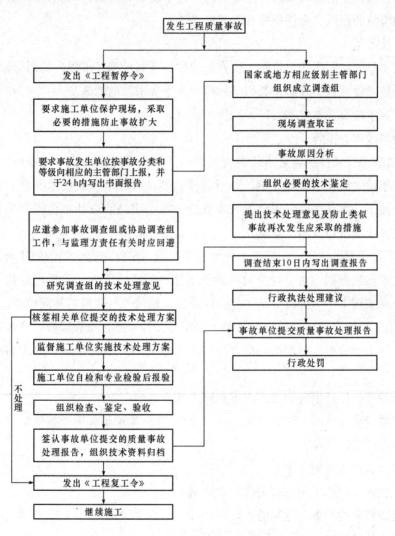

图 8-2　工程质量事故处理的程序

（1）工程质量事故发生后，总监理工程师应签发《工程暂停令》，并要求停止进行质量缺陷部位和与其有关联部位及下道工序的施工，应要求施工单位采取必要的措施，防止事故扩大并保护好现场。同时，要求质量事故发生单位迅速按类别和等级向相应的主管部门上报，并于 24 h 内写出书面报告。

特别重大质量事故由国务院按有关程序和规定处理；重大质量事故由国家住房城乡建设主管部门归口管理；严重质量事故由省、自治区、直辖市住房城乡建设主管部门归口管理；一般质量事故由市、县级建设行政主管部门归口管理。

（2）监理工程师在事故调查组展开工作后，应积极协助，客观地提供相应证据，若监理方无责任，监理工程师可应邀参加调查组，参与事故调查；若监理方有责任，则应予以回避，但应配合调查组的工作。质量事故调查组的职责如下：

1）查明事故发生的原因、过程、事故的严重程度和经济损失情况。

2）查明事故的性质、责任单位和主要责任人。

3）组织技术鉴定。

4）明确事故的主要责任单位和次要责任单位，及其承担经济损失的划分原则。

5）提出技术处理意见及防止类似事故再次发生应采取的措施。

6）提出对事故责任单位和责任人的处理建议。

7）写出事故调查报告。

（3）当监理工程师接到质量事故调查组提出的技术处理意见后，可组织相关单位研究，并责成相关单位完成技术处理方案，并予以审核签认。质量事故技术处理方案一般应委托原设计单位提出，由其他单位提供的技术处理方案，应经原设计单位同意签认。技术处理方案的制定，应征求建设单位意见。

（4）技术处理方案核签后，监理工程师应要求施工单位制定详细的施工方案设计，必要时应编制监理实施细则，对工程质量事故技术处理施工质量进行监理，对技术处理过程中的关键部位和关键工序应进行旁站，并会同设计、建设等有关单位共同检查认可。

（5）对施工单位完工自检后报验结果，组织有关各方进行检查验收，必要时应进行处理结果鉴定。要求事故单位整理编写质量事故处理报告，并审核签认，组织将有关技术资料归档。

工程质量事故处理报告的主要内容有以下几个方面：

1）工程质量事故情况、调查情况、原因分析（选自质量事故调查报告）。

2）质量事故处理的依据。

3）质量事故技术处理方案。

4）实施技术处理施工中的有关问题和资料。

5）对处理结果的检查鉴定和验收。

6）质量事故处理结论。

工程质量事故调查组由事故发生地的市、县以上住房城乡建设主管部门或国务院有关主管部门组织成立。特别重大质量事故调查组的组成由国务院批准；一、二级重大质量事故调查组由省、自治区、直辖市住房城乡建设主管部门提出组成意见，人民政府批准；三、四级重大质量事故调查组由市、县级行政主管部门提出组成意见，相应级别人民政府批准；严重质量事故调查组由省、自治区、直辖市住房城乡建设主管部门组织；一般质量事故调查组由市、县级建设行政主管部门组织；事故发生单位属国务院部委的，由国务院有关主管部门或其授权部门会同当地住房城乡建设主管部门组织调查组。

（6）监理工程师签发《工程复工令》，恢复正常施工。

五、工程质量事故处理的方案类型

工程质量事故处理方案是指技术处理方案，其目的是消除质量隐患，以达到建筑物的安全可靠和正常使用各项功能及寿命的要求，并保证施工的正常进行。通常，可以根据质量问题的情况，给出以下四类不同性质的处理方案：

（1）修补处理。修补处理是最常采用的一类处理方案。通常，当工程某些部分的质量虽未达到规定的规范、标准或设计要求，存在一定的缺陷，但经过修补后可达到要求，且不影响使用功能或外观要求时，可以作出进行修补处理的决定。属于修补处理的具体方案有很多，包括封闭保护、复位纠偏、结构补强、表面处理等。例如，某些混凝土结构表面出现蜂窝麻面，经调查、分析，该部位经修补处理后，不会影响其使用及外观；某些结构混凝土发生表面裂缝，根据其受力情况，仅作表面封闭保护即可等。

（2）返工处理。在工程质量未达到规定的标准或要求，有明显的严重质量问题，对结构的使用和安全有重大影响，而又无法通过修补的办法纠正所存在的缺陷的情况下，可以作出返工处理的决定。例如，某防洪堤坝在填筑压实后，其压实土的干密度未达到规定的要求干密度值，核算将影响土体的稳定和抗渗要求，可以进行返工处理，即挖除不合格土，重新填筑；又如某工程预应力按混凝土规定张力系数为 1.3，但实际仅为 0.8，属于严重的质量缺陷，也无法修补，即需作出返工处理的决定。十分严重的质量事故甚至要作出整体拆除的决定。

（3）限制使用。在工程质量事故按修补方案处理无法保证达到规定的使用要求和安全指标，而又无法返工处理的情况下，可以作出诸如结构卸荷或减荷以及限制使用的决定。

（4）不作处理。某些工程质量事故虽然不符合规定的要求或标准，但如其情况不严重，对工程或结构的使用及安全影响不大，经过分析、论证和慎重考虑后，也可作出不作专门处理的决定。可以不作处理的情况一般有以下几种：

1）不影响结构安全和使用要求者。例如，有的建筑物出现放线定位偏差，若要纠正则会造成重大经济损失，若其偏差不大，不影响使用要求，在外观上也无明显影响，经分析论证后，可不作处理；又如，某些隐蔽部位的混凝土表面裂缝，经检查分析，属于表面养护不够的干缩微裂，不影响使用及外观，也可不作处理。

2）有些不严重的质量问题，经过后续工序可以弥补者。例如，混凝土的轻微蜂窝麻面或墙面，可通过后续的抹灰、喷涂或刷白等工序弥补，可以不对该缺陷进行专门处理。

3）出现的质量问题，经复核验算，仍能满足设计要求者。例如，某一结构断面做小了，但复核后仍能满足设计的承载能力，可考虑不作处理。这种做法实际上是挖掘设计潜力或降低设计的安全系数，因此，需要慎重处理。

六、工程质量事故处理资料

一般质量事故的处理，必须具备以下资料：

(1)与事故有关的施工图。

(2)与施工有关的资料，如建筑材料试验报告、施工记录、试块强度试验报告等。

(3)事故调查分析报告。事故调查分析报告包括以下几个方面：

1)事故情况：出现事故的时间、地点；事故的描述；事故观测记录；事故发展变化规律；事故是否已经稳定等。

2)事故性质：应区分属于结构性问题还是一般性缺陷；是表面性的还是实质性的；是否需要及时处理；是否需要采取防护性措施。

3)事故原因：应阐明造成事故的重要原因，如结构裂缝，是因地基不均匀沉降，还是温度变形；是因施工振动，还是由于结构本身的承载力不足。

4)事故评估：阐明事故对建筑功能、使用要求、结构受力性能及施工安全有何影响，并应附实测、验算数据和试验资料。

5)事故涉及人员及主要责任者的情况。

(4)设计、施工、使用单位对事故的意见和要求等。

七、工程质量事故性质的确定

工程质量事故性质的确定，是最终确定质量事故处理办法的首要工作和根本依据。一般通过下列方法来确定质量事故的性质：

(1)了解和检查。对有缺陷的工程进行现场情况、施工过程、施工设备和全部基础资料的了解和检查，主要包括调查及检查质量试验检测报告、施工日志、施工工艺流程、施工机械情况以及气候情况等。

(2)检测与试验。通过检查和了解可以发现一些表面的问题，得出初步结论，但往往需要进一步的检测与试验来加以验证。检测与试验，主要是检验该缺陷工程的有关技术指标，以便准确找出产生缺陷的原因。例如，若发现石灰土的强度不足，则在检验强度指标的同时，还应检验石灰剂量、石灰与土的物理化学性质，以便发现石灰土强度不足是因为材料不合格、配合比不合格或养护不好，还是因为其他如气候之类的原因造成的。检测和试验的结果将作为确定缺陷性质的主要依据。

(3)专门调研。有些质量问题，仅仅通过以上两种方法仍不能确定。如某工程出现异常现象，但在发现问题时，有些指标却无法被证明是否满足规范要求，只能采用参考的检测方法。如水泥混凝土，规范要求的是 28 d 的强度，而对于已经浇筑的混凝土无法再检测，只能通过规范以外的方法进行检测，其检测结果将作为参考依据之一。为了得到这样的参考依据并对其进行分析，往往有必要组织有关方面的专家或专题调查组，提出检测方案，对所得到的一系列参考依据和指标进行综合分析研究，找出产生缺陷的原因，确定缺陷的性质。由于这种专题研究对缺陷问题的妥善解决有很大作用，因此经常被采用。

八、工程质量事故处理方案的选择

选择工程质量事故处理方案，是复杂而重要的工作，它直接关系到工程的质量、费用和工期。处理方案选择不合理，不仅劳民伤财，严重的还会留下隐患，危及人身安全，特别是对需要返工或不作处理的方案，更应慎重对待。选择工程质量事故处理方案的辅助决策方法如下。

1. 试验验证

试验验证即对某些有严重质量缺陷的项目，可采取合同规定的常规试验以外的试验方法进一步进行验证，以便确定缺陷的严重程度。例如，混凝土构件的试件强度低于要求的标准不太大（如10％以下）时，可进行加载试验，以证明其是否满足使用要求。监理工程师可根据对试验验证结果的分析、论证，再研究、选择最佳的处理方案。

2. 定期观测

有些有缺陷的工程，短期内其影响可能不十分明显，需要较长时间的观测才能得出结论。对此，监理工程师应与建设单位及施工单位协商是否可以留待责任期解决或采取修改合同以延长责任期的办法。

3. 专家论证

某些工程质量问题可能涉及的技术领域比较广泛，或问题很复杂，有时仅根据合同规定难以决策，这时可提请专家论证。实践证明，采取这种方法，对于监理工程师正确选择重大工程质量缺陷的处理方案十分有益。

4. 方案比较

方案比较是常用的一种方法。同类型和同性质的事故可先设计多种处理方案，然后结合当地的资源情况、施工条件等逐项给出权重，作出对比，从而选择具有较高处理效果又便于施工的处理方案。

九、工程质量事故处理的鉴定验收

对质量事故的技术处理是否达到了预期目的，是否消除了工程质量不合格和工程质量问题，是否仍留有隐患，监理工程师应通过组织检查和必要的鉴定进行验收并予以最终确认。

1. 检查验收

工程质量事故处理完成后，监理工程师在施工单位自检合格报验的基础上，应严格按施工验收标准及有关规范的规定，结合监理人员的旁站、巡视和平行检验结果，依据质量事故处理方案设计要求，通过实际量测，检查各种资料数据进行验收，并应办理交工验收文件，组织各有关单位会签。

2. 必要的鉴定

为确保工程质量事故的处理效果，凡涉及结构承载力等使用安全和其他重要性能的处理工作，或质量事故处理施工过程中建筑材料及构配件保证资料严重缺乏，或对检查验收结果各参与单位有争议时，常需做必要的试验和检验鉴定工作。常见的检验工作有：混凝土钻芯取样，用于检查密实性和裂缝修补效果，或检测实际强度；结构荷载试验，确定其实际承载力；超声波检测焊接或结构内部质量；池、罐、箱柜工程的渗漏检验等。检测鉴定必须委托政府批准的有资质的法定检测单位进行。

3. 验收结论

对所有质量事故，无论是经过技术处理、通过检查鉴定验收，还是不需专门处理的，均应有明确的书面结论。若对后续工程施工有特定要求，或对建筑物的使用有一定限制条件，应在结论中提出。

验收结论通常有以下几种：

(1)事故已排除，可以继续施工。

(2)隐患已消除，结构安全有保证。

(3)经修补处理后，完全能够满足使用要求。

(4)基本上满足使用要求，但使用时应有附加限制条件，如限制荷载等。

(5)对耐久性的结论。

(6)对建筑物外观影响的结论。

(7)对短期内难以作出结论的，可提出进一步观测检验意见。

对于处理后符合《建筑工程施工质量验收统一标准》(GB 50300—2013)规定的，监理工程师应予以验收确认，并应注明责任方主要承担的经济责任。对经加固补强或返工处理仍不能满足安全使用要求的分部工程、单位(子单位)工程，应拒绝验收。

本章小结

工程施工过程中难免因各种因素导致质量问题和事故的发生，一旦发生质量问题甚至质量事故，项目建立机构应按规定予以妥善处理。工程施工过程中质量问题或质量事故发生的原因有：违背建设程序、违反法规行为、地质勘察失真、设计计算问题、建筑材料及制品不合格、施工和管理问题、自然条件影响、建筑结构使用问题。工程施工过程中发生的质量事故按事故损失严重程度划分为一般质量事故、严重质量事故、重大质量事故和特别重大事故；按事故产生的原因划分为技术原因引发的质量事故，管理原因引发的质量事故和社会、经济原因引发的质量事故；按事故造成的后果划分为未遂事故和已遂事故；按事故责任划分为指导责任事故和操作责任事故。工程质量事故发生后，监理工程师应按要求作出事故处理方案，并以此作为事故处理的方针指导妥善处理施工过程中发生的质量问题和质量事故，并妥善管理质量事故处理资料。

思考与练习

一、选择题

1. 造成直接经济损失低于(　　　)元的称为质量问题。

A. 5 000　　　　　　B. 10 000　　　　　　C. 15 000　　　　　　D. 20 000

2. 造成人员死亡或重伤(　　)人以上的为重大质量事故。

A. 0　　　　　　　　B. 1　　　　　　　　C. 2　　　　　　　　D. 3

3. 特别重大质量事故调查组的组成由(　　)。

A. 国务院批准　　　　　　　　　　　B. 省、自治区、直辖市建设行政主管部门

C. 地方人民政府　　　　　　　　　　D. 市、县级行政主管部门

二、问答题

1. 工程质量问题具有哪些特点?

2. 导致质量问题的原因是什么?

3. 运用成因分析法对工程质量问题进行分析的步骤是什么?

4. 事故调查报告的内容是什么?

5. 质量事故处理的依据是什么?

6. 质量事故调查组的主要职责是什么?

参考文献 References

[1] 王翔，马小林，胡洪菊. 建筑工程质量控制与验收[M]. 成都：西南交通出版社，2016.

[2] 许春霞，等. 建设工程质量管理[M]. 南京：江苏科学技术出版社，2016.

[3] 苑敏，等. 建设工程质量控制[M]. 2版. 北京：中国电力出版社，2014.

[4] 米胜国. 建设工程质量控制[M]. 北京：石油工业出版社，2013.

[5] 董羽，刘悦，张俏. 建筑工程质量控制与验收[M]. 北京：化学工业出版社，2017.

[6] 郑惠虹. 建筑工程施工质量控制与验收[M]. 北京：机械工业出版社，2017.

[7] 张瑞生. 建筑工程质量控制与检验[M]. 2版. 武汉：武汉理工大学出版社，2017.

[8] 王翔. 建筑工程质量控制与验收[M]. 成都：西南交通出版社，2016.